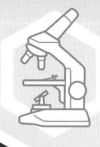

安全に観察・実験を行うために

中学校
理科室ハンドブック

理科好きを育てる
魅力ある授業を
目指して

編著：山口 晃弘 他

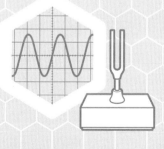

大日本図書

はじめに

　理科の教師力は、どのような場面で向上するのか。

　校内研究会などでの研究授業、研究会での発表だろうか。あるいは若いとき受けた大学での教員養成のための授業、あるいは教育実習なのだろうか。それとも、区市町村での研究会や講習会、民間研究団体など、様々な場における研修だろうか。あるいは理科や理科教育に関する書籍や雑誌、ウェブサイトから必要な情報を入手することだろうか。

　そのどれもが、理科の教師力を高めるのに役立つといえる。ただし、日常の学校での業務や理科の授業そのものが、理科の教師力の向上の最大の場面である。すなわち、生徒と向き合う場面が最も効果的である。従って、普段から、使いやすい理科室を整備し、意図的・計画的に指導計画を構成し、授業やその準備を通して実践を行い、適切に授業評価を行っていけば、着実に理科の教師力を高めることが果たせる。その具体的な方策について、幾つかのアイディアを紹介したのが本書である。

　まず、第1章では、理科室の経営の視点から、既存の理科室をいかに管理運営するか、教材である備品や消耗品についての解説をした。

　次に、第2章では、基本的な理科の授業設計の視点から、どのように授業づくりをするか、その際の考え方はどのようにすれば適切かについて解説をした。

　さらに、第3章では、新しい理科の授業を創造するという視点から、ICTに関するものはもちろん、それ以外のものも含めた新しい理科の学習材を織り交ぜて、幾つかの方向性を示した。

　最後に、第4章では、中学校理科の安全に関するポイントを再構成し、安全で楽しい観察・実験を進める上で、基礎的・基本的事項を再確認できるように構成した。

　すでに教壇に立っている先生方はもちろん、支援員や指導助手の役割を担う方々や、これから教師を目指している方々にとって参考になれば幸いである。

令和3年2月　執筆者代表

山口　晃弘

目　次

第1章　理科室の基本

理科室づくり

教材や薬品の準備

第2章　理科好きを育てる授業

理科授業の基本

第3章 新しい理科授業の創造

第４章　安全に実験を行うために

理科室の安全な管理

思わぬ事故につながりやすい観察・実験

1章

理科室の基本

1 物品の整備

理科室づくりは「生徒にとって，理科室に行くのが楽しくなるような部屋」をねらいとする。その一方で，生徒が実験を行う上で安全性が高く，機能性に富んでいることも大切である。

中学校には，通常2つの理科室と，1つの理科準備室があることが多い。

◈ 物品管理の工夫

（1）生徒が直接出し入れする物品

生徒が実験でよく使うビーカー（50 mL，100 mL，200 mL，300 mL，500 mL など），試験管（内径16.5 mm，18 mmなど），丸底フラスコ，三角フラスコ，ペトリ皿，ガラス棒，加熱器具，スポイト，メスシリンダーなどの器具は，生徒が自ら用意したり，片付けられるようにしたりすると能率的に実験ができる。その際，中身が可視化でき，物品を出し入れしやすい靴箱などが収納棚として向いている。

よく使う糊やハサミ，カッター，定規などの小物は，小型コンテナに入れるか，図1のように中が見える小さい引き出し（クリスタルキャビネット）などで管理できる

図1 クリスタルキャビネット

とよい。

（2）電流計・電圧計や電源装置

　電流計や電圧計などの器具は，理科室の後方部に備品棚を設置して収納する。安全に管理することができ，出し入れもしやすい。

（3）生徒用顕微鏡

　顕微鏡は，番号を付けてスチールラック棚（こちらにも顕微鏡に合わせて番号を付けておく）へ，保管用の箱から出した状態で収める。顕微鏡を箱から出し入れする時間は無駄になるからである。

　接眼レンズには，埃よけとしてフィルムケースをかぶせておくとよい。

図2 生徒用顕微鏡は箱に入れない

　スチールラックに顕微鏡を収める場合は，顕微鏡が落下しないようにゴムのベルトをラックに付けてとめるようにしておくと安全である。

　出し入れは生徒が行うことを念頭に，持ち出しと返却ルートを決めて，出し入れしやすい場所にラックを設置する。

（4）物理・化学実験キットの製作

　電気分解の実験に使う簡易電解槽や電極などの定番の実験では，必要な器具を実験グループの数だけ揃えて実験キットを作り，透明ケースに入れておく。実験キットは図3のように透明ケースへ入れておき，簡単に取り出して片付けることができるように整備すると便利である。

図3 透明ケースに入れた実験キット

2 理科室の整備

❶ 教卓での演示実験を見せる工夫

実験室では手元で実験を見せることができるように，プロジェクターとインターネットにつながったパソコンやビデオカメラ(書画カメラやスワンネックのカメラ)を設置する。特にデジタル顕微鏡は揃えたい（ 28 参照）。また，スクリーン上から投影するタイプのプロジェクターも導入したい（ 25 参照）。

❷ 窓際の整備

理科室の窓際には流し台が設置されている。この場所を次のように活用したい。

（1）生徒が直接出し入れする物品

実験室の流し近くに，洗った試験管の水切りカゴ，乾燥機，実験スタンド，ろうと台を置く。生徒は，実験で使用した試験管やビーカーを洗浄後に流しカゴへ置く。十分に汚れが落ちていないものは，教師が再度洗浄し，もとの棚に戻す。

図1 窓際スペースの活用

（2）生物飼育水槽

水槽に直射日光が当たらないようにするため，光を和らげるカーテンを設置する。光合成や細胞の実験で使うオオカナダモや毛細血管の観察に使うメダカ，動物の体の仕組みや発生学習のためのフナ，アフリカツメガエルやトウキョウサンショウウオ（卵割などの

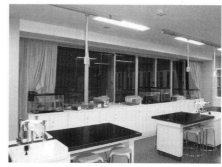

図2 窓際の生物飼育水槽

観察に使う）などを飼育したい。動物を飼育している理科室では，生徒に対してドアを開閉，静かに歩行するなどのルールの指導が必要である。

（3）暗幕

　光の実験や月や金星の満ち欠けの実験，ビデオ教材の鑑賞など行う場合に利用する。言うまでもないが，暗幕には不燃素材を用いる。

❸ 展示コーナー，掲示板，書棚の設置

（1）展示コーナー

　標本，展示資料，生徒の観察記録などは，分類して保管し，学習する時期の1～2週間ぐらい前から展示し，タイムリーに交替すると効果的である。展示戸棚，展示台，掲示板，廊下などの展示コーナーまたはサイエンスコーナーを工夫することで，これらの学習資料を有効に利用し，生徒の関心や意欲の向上を図るとよい。

（2）掲示板

　理科室内や廊下の壁面・柱面を利用して掲示板を作ると便利である。画鋲が使えるように板製で表面をクロス張りにしたものが多い。木枠付きにしておくと小形のフックなどにより，額やひもでつるようなものも掲示できる。

　常掲資料の掲示には，天井のすぐ下の壁面を利用して場所を確保するとよい。

（3）科学書棚

　理科室は科学図書館でもある。校庭の植物を調べる図鑑，岩石・鉱物図鑑などはできれば実験台の数だけ揃える。写真資料集，科学事典，実験書，読み物，科学雑誌を置いて，調べ学習に対応する。希望者には，昼休みに理科室に来て静かに読書をすることも薦めたい。

　掲示・展示の例は，　**3**　，**4**　で詳しく紹介する。

❹ 廃棄物の処理

　理科室では多様の廃棄物が出る。日頃から理科室・準備室におけるゴミ処理は，学校のゴミ分別・再利用の手本となるべく，徹底させる。可燃物（紙・木材），プラスチック，ガラス類，金属類，電池などは分別すよう指導する。また，観察・実験で使用した試薬の回収・廃棄も，合わせて徹底して行いたい。

理科室づくり

3 掲示物や展示コーナー①

理科に関する掲示や展示には様々なものがある。その例を幾つか挙げてみる。

展示場所については，理科室内や理科室前に限らず，学校全体の空きスペースを活用するなどの工夫が考えられる。

❶ どこに展示・掲示するか ― 展示場所は理科室前だけではない ―

理科に関する掲示や展示は，理科室内や理科室前のスペースで行うのが一般的である。しかし，それだけではなく，図1のように，学校内で多くの生徒が行き交う場所に理科用のスペースを確保して

もらってはどうだろうか。

例えば，1階の共通スペースは理科系の掲示や展示，2階の共通スペースは芸術系の展示といったように，展示スペースを教科ごとに1か所に固めているほうがインパクトは大きい。

図1 学校の共通スペースで大きく掲示する

❷ 何を掲示・展示するか

次のようなものの掲示・展示が考えられる。

（1）生徒が長期休みに作った作品

図2は，夏休みの宿題として第1学年時に結晶作りを課したときの，優秀作品の展示例である。ここへの展示を目指して頑張る生徒もいる。そして，自分の作品が展示されると，生徒はうれしく思う。

図2 生徒が作った結晶の展示

（2）生徒が研究発表会で使用したポスター

生徒が外部の研究発表会でポスター発表する機会もある。せっかく生徒が頑張って作ったポスターである。図1のように，発表会終了後もしばらくはそのポスターを校内に掲示するとよい。

（3）イベントの案内

長期休みや研究発表会が近づくと，各種イベントや発表の案内が学校に送られてくる。実験器具を収納しておくスチール棚にマグネットで貼り付けると，生徒の目にとまりやすい。また，収納場所兼掲示場所ともなり，スペースが有効活用できる。

（4）実験器具

ただの実験器具の収納棚も，実験器具をきれいに並べて中を見えるようにしておけば，それに興味を示す生徒がいる。図3のように展示するとよい。

（5）書籍

教師が理科に関する推薦図書・図鑑などを選び，理科室前に展示してもよい。閲覧コーナーとすることも考えられる。

図3 実験器具も展示になる

学習内容や生徒の興味・関心に応じて，理科に関する様々な掲示・展示を工夫したい。

❸ どのように掲示・展示するか ― ディスプレイの活用 ―

実物がなければ，大型のディスプレイで生徒たちに見せたい映像を映しておくという方法も考えられる。

図4は，理科室前にディスプレイを設置して，行き交う生徒たちが展示物としての映像を見られるようにした例である。

図4 理科室前の大型ディスプレイに
　　見せたいものを映す

理科室づくり

4 掲示物や展示コーナー②

　理科に関する掲示・展示として，科学トピックスや博物館情報なども考えられる。

　マスコミやインターネットなどでは，実にたくさんの情報があふれている。その情報を整理して，必要なものを選択し，生徒に与えたい。

　また，理科では実物に触れることも重要である。標本なども工夫して展示する。

❶ 科学トピックスや博物館情報などの掲示・展示

（1）科学トピックス

　新聞記事や科学雑誌の切り抜きを拡大したものや，インターネットのニュース記事，良質なインターネットサイトのトップページなどを，Ａ４判の台紙などを用いて統一形式で掲示する。

（2）博物館情報

　博物館や科学館の特別展や，月例の実験講座，見学会の案内などを紹介して，生徒の興味・関心を引き出すとともに，参加するよう促す。

（3）世界自然遺産やジオパークの情報

　学習内容に関連付けながら，各地の世界自然遺産やジオパークの見どころなどについて，Ａ４判の台紙などを用いて統一形式で掲示する。長期休業中に掲示すると，生徒の休業中の過ごし方への案内にもなる。

（4）スマートフォンなどのアプリに関する情報

　スマートフォンやタブレットで使用できるアプリケーション・ソフトウェア（アプリ）の中には，表１に示すように，防災情報を得るのに便利なものや，天体観測を身近に感じさせるもの，位置情報を活用した地形図を見ることのできるものがある。それらを拡大して掲示し，学習している単元に関連付けて紹介するとよい。掲示を参考にして，生徒がそれらのアプリをタブレットで実際に動かしてみたり，調べたりすることで，興味・関心を引き出させるようにしたい。

表1 活用したいアプリの例

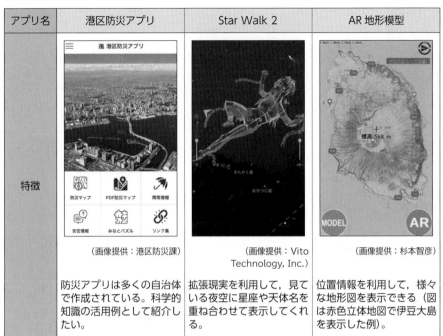

アプリ名	港区防災アプリ	Star Walk 2	AR 地形模型
特徴	（画像提供：港区防災課） 防災アプリは多くの自治体で作成されている。科学的知識の活用例として紹介したい。	（画像提供：Vito Technology, Inc.） 拡張現実を利用して，見ている夜空に星座や天体名を重ね合わせて表示してくれる。	（画像提供：杉本智彦） 位置情報を利用して，様々な地形図を表示できる（図は赤色立体地図で伊豆大島を表示した例）。

❷ 標本や科学おもちゃの展示（理科室内の展示コーナー）

　理科室内に展示コーナーを設け，標本や科学おもちゃなど，生徒が興味・関心を持ちそうなものを，図1のように説明入りで展示する。

（1）岩石や化石などの標本

　石灰岩（フズリナやウミユリなどの断片が入っているとよい），花こう岩や玄武岩，安山岩などをホームセンターや石材店などから分けてもらうとよい。火山噴出物など，学校内に保管されている標本も展示し，生徒がじっくりと手に取れる環境をつくるとよい。

図1 化石標本の展示

（2）科学おもちゃ

　見て，触って，理科で学んだ知識を活用して考えるおもちゃを展示すると，理科室に親しみを持つ生徒が増えることを期待できる。

5 理科準備室づくり

　理科準備室が倉庫のようになってしまっている学校がある一方，入ったとたん「使われている」「手を掛けている」と，人の温もりを感じられる学校もある。理科授業を担当する何人かの教師が準備室を本拠地にして授業が進められている場合，自然にそうなる。そのような学校の理科準備室には３つの側面がある。それは，授業準備，器具・備品・薬品管理，理科教育研究室である。ここでは，それを理科準備室づくりとして紹介する。なお，理科準備室には原則，生徒を立ち入らせない。薬品や重要な実験器具及び危険な工作機械があるからである。

❶ 授業準備のための準備室

（１）ワークシートや実験材料や備品の管理

　理科の授業を行うためには，多くの種類の器具や材料を，複数の学年・クラス分揃えておかなければならない。短時間で前時の片付けと次時の準備をするためには，保管位置が分かりやすく整理されており，さらに運搬しやすくなっているとよい。

（２）共同使用に配慮する

　複数の理科担当教師が共同で利用する準備室では，それぞれが自分の担当する授業の準備をするので，共同で使用しやすいようにお互いに配慮しなければならない。使用済みのものは直ちに決められている位置に返納したり，現在使用中，保存中のものはそれを明示したりするなどの注意が必要である。

❷ 器具・備品・薬品管理のための準備室

　理科準備室では，実験材料（薬品も含む）・器具・備品や資料（ワークシートや書籍や標本），生徒作品などの保管と予備実験，実験器具作成，廃液の管理などを行う。管理のポイントをまとめると，次のような項目が挙げられる。

理科準備室の管理のポイント

① 顕微鏡，岩石標本など，分野や内容ごとに戸棚で分けて管理する。

② 整理や運搬がしやすいように，同種類のものをケースに入れてまとめる。

③ 真空ポンプのような重い備品は，戸棚の下の部分に格納する。

④ カメラや小型 PC などの貴重品は，施錠できる戸棚に保管する。

⑤ H 型電解装置などガラス製品は破損を防ぐ配慮をして保管する。

⑥ 薬品類は，扱いやすい分類，配列にして，安全に保管する。

⑦ 1 年間を見通して必要な量の薬品や消耗品を購入，管理する。

⑧ 劇物・毒物や引火性薬品など危険な薬品は，施錠できる薬品庫で管理する。

3 理科教育研究室

仕事のできる机，パソコン，プリンタ，照明などの設備を充実させ，教材研究や予備実験ができる場所を整備する。学習計画や具体的な展開案，ワークシートなどを単元ごとに作成して引き出しに保管し，活用しながら修正を行う。前年度の資料もすぐ見られるように分類して

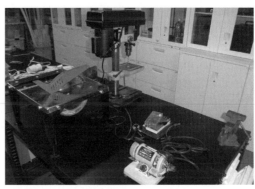

図1 教材研究や予備実験を行う場所

おく。教科書，参考図書その他の参考図書・文献を備え，図書戸棚に保管してすぐ利用できるようにする。

また，共同研究のできる環境に配慮する。理科部会などを開いて共同で仕事を進めるために，机，椅子などの配置その他の環境に配慮する。さらに，実験材料加工や器具の作成も行う。木材加工や金属線の切断，岩石のカットなど，実験材料・器具の製作には卓上の電動のこぎり，ボール盤（穴開け），ベルトサンダー（研磨）があると便利である。特にバンドソーは，ダイヤモンド刃にすることで，ガラスや岩石も切断できる。

6 生物の飼育（水槽の管理）

① 理科室で生物を飼育する意味

　理科室で飼育する代表的な生物にメダカがいる。メダカは，尾びれの血流の観察や刺激への反応の実験に用いられる。また，産卵から孵化までの様子は，発生の学習につなげることができる。

　水槽にオオカナダモを入れておくことで，植物の細胞の観察や光合成が行われる様子を調べる実験が行える。その他にも，タニシやカワニナ，ヤマトヌマエビなども同時に飼育しておくと，無脊椎動物の学習にもつながる。水の状態がよければ，ゾウリムシの仲間などの微小生物も観察することができる。活動する生物の様子を目にすることは，生徒にとって学ぶ意欲が高まるきっかけになる。

図1 ヤマトヌマエビ
動いているヤマトヌマエビを興味深そうに観察する生徒は多い。

② 飼育をする上の注意点

　水槽は閉じられた空間なので，汚れやすい。そのため，定期的なメンテナンスが必須になる。必要なメンテナンスや注意点に関しては以下のようなものがある。

表1 飼育環境（水槽）の管理の仕方や注意点

項目	管理の仕方や注意点
水質	枯れた水草や生物の排出物や食べ残しを原因としてアンモニアが発生する。水をきれいにするには，フィルターを使って，物理的ろ過，およびバクテリアの働きを使ってアンモニアを分解する生物ろ過などが必要である。
餌	餌は定期的に与える必要があるが，与えすぎは水質の悪化につながる。水質が安定すれば，メダカは水中のコケや微小生物を食べるので，餌の回数も少なくてすむ。
その他	個体の数がふえすぎた場合は，別の水槽を用意する必要がある。日差しや水温に注意する（特に夏場は水温の上がりすぎに注意する）。同じ水槽で共存できる生物の組合せなのか調べておく。　など

③ いろいろな水槽と道具

　水槽は大きなもの（横幅90cm）から中くらい（60cm），小さなもの（子供用の手提げ水槽など）まで，いろいろなサイズのものが理科室にあると，学習によって使い分けることができ便利である。

　長期で飼育するならば，中くらいか大きな水槽を使うと，水質の急激な変化が少なく飼育がしやすい。また，飼育できる生物の個体数も多くなる。

　フィルターにも，上部式，底面式，投げ込み式など，様々なタイプのものがある。その他には，水替えポンプ，水温を保つヒーター，水温計，すくい網などもあったほうがよい。新たに水槽を購入する場合には，フィルターや照明などがセットになったものもあるので検討したい。

　飼育する生物によって必要なものは変わるので，インターネットで調べるか，ペットショップの店員に相談するなどして確認するとよい。

図2 中くらいの水槽（横幅60cm）

図3 目盛りの付いた観察用の小型水槽

④ 手間はかかるがチャレンジする価値がある

　メダカやオオカナダモなどは，どこかのタイミングで必要になり購入することがあると思うので，水槽などの環境を整えて長期飼育をしてみるとよい。手間のかかる生物飼育であるが，長期的に飼育をすることで生態についての新たな発見があったり，繁殖し個体数をふやしていく様子にも出会えたりすることがあり，チャレンジしてみる価値はある。

教材や薬品の準備

7 生物（動物）教材の入手

　現在ペット（愛玩動物）の対象となっている動物は哺乳類，鳥類，魚類にとどまらず，爬虫類，両生類，無脊椎動物と多岐にわたっている。ペットショップでは，あらゆる種類の動物を入手できるといってもよい。また，ヘビは漢方薬用に扱っている業者もある。

　学校での飼育動物としては，教育上の目的をきちんと考えた上で，右のような条件を満たすものがよい。

> **飼育動物を選ぶときの条件**
> ・世話に手間，費用がかからない。
> ・餌が安価で安定して入手できる。
> ・扱いやすく，生徒が触っても危険がない。

❶ 動物教材の計画的な入手

　近年，いろいろな外来生物が我が国に移入し，人間の生活や自然環境に悪影響を及ぼしている。このようなことを避けるために，外国産の飼育動物を野に放つことは避けなければならない。生きた動物を入手するときは，その動物を使う学習が終わってからのことも考えて入手する必要がある。

❷ 解剖の材料

（1）餌用動物の利用

　生命倫理の問題などから，学校で生きた動物の解剖をすることは年々実施が難しくなっている。しかし，近年はペット（爬虫類）の餌用の動物が比較的簡単に入手できるようになった。表1のようなものが入手可能である。

表1　入手可能な動物教材1（餌用のもの）

	入手可能なもの
哺乳類	冷凍マウス，冷凍ラット，冷凍ウサギ（いずれも各成長段階のものが入手できる。）
鳥類	冷凍ウズラ（雛，成鳥），鶏頭の水煮缶詰（犬の餌用）

図1 冷凍マウス

図2 鶏頭の水煮缶詰

（2）食材に利用されているものまたはその副産物の利用

　鮮魚店，鶏肉店，食肉の副産物を扱う業者では，表2のようなものが入手可能である。まとまった数が必要なときは，前もって頼んでおく必要がある。

表2 入手可能な動物教材2（食用のもの）

入手先		入手可能なもの
鮮魚店	魚類	アジ，サバ，イワシ（生，煮干し）　など
	節足動物	エビ，カニ，シャコ　など
	軟体動物	二枚貝，巻き貝，イカ，タコ
	その他	ホヤ（原索動物）
食肉店	鳥類	ニワトリの心臓（ハツ），肝臓（レバー），翼（手羽先，手羽元） ※羽毛を取り去った状態の丸ごと1羽のニワトリも入手することができる。
食肉の副産物を扱う業者	哺乳類	ブタの内臓（心臓，肺，肝臓，腎臓，腸），眼球，頭部，血液，胎児（冷凍）

　なお，ウシの眼球や脳などは，BSE（牛海綿状脳症，2001年に国内で初めて確認された）の一件以来，教材としては不適当とされ，用いられなくなっている。

8 生物（植物）教材の入手

① 花

　中学校理科の学習では，主に被子植物の双子葉類（離弁花・合弁花），そして裸子植物の花が扱われている。それぞれについて，観察によく使われるものの入手方法を以下に述べる。

（1）被子植物（双子葉類・離弁花）

　最もよく観察に使われるのはアブラナである。アブラナは，前もって植えておくことができれば最もよいが，4月になってから採集することもできる。川や線路脇の土手などによく群生している。一度生えている場所を見つけておけば，毎年採集できることが多い。

　ほかに，観察に使える花としてはハボタンやオオアラセイトウ（ムラサキハナナ）がある。ハボタンは普通，冬場に葉を鑑賞する目的で植えられ，春には抜いてしまうが，そのまま開花させるとアブラナに似た花が咲く。オオアラセイトウは栽培もでき，野生化したものも見つけられる。

図1 ハボタン

図2 オオアラセイトウ

アブラナ，ハボタン，オオアラセイトウのいずれも温暖地では前年の秋に種まきをする。栽培方法は種の購入時に，園芸店で聞いておくとよい。

（2）被子植物（双子葉類・合弁花）

　最もよく観察に使われるのはツツジである。ツツジにはいろいろな品種があり，学校内に植えられていることが多いので，それを採集して用いる。他に，観察に利

1章
理科室の基本

用可能なものとしてはタンポポが挙げられる。外来種のセイヨウタンポポは日本中の市街地で見られ，容易に採集できる。日当たりのよい踏み固められた場所に生えていることが多い。キク科のタンポポは集合花序で，１つの集合花序に100以上の花が集まっているので，生徒の人数分確保するのも容易である。また，ロゼット形の葉や長い根など，生き残る上で優れた特徴を持っているので，植物の生態の教材としても優れている。

（3）裸子植物

　裸子植物の花はあまり目立たず見つけにくいが，春から初夏にかけて咲くものが多い。教科書の写真などを参考に探すとよい。マツの雄花は，春先に，辺り一面黄色くなるほど花粉を放出するので分かりやすい。マツの雌花は，木の上のほうにあるので採集できないことが多い。校内にマツの木があれば，授業中に生徒を連れて行って見せるのが早道である。イチョウの花も早春（東京では４月の初め頃）に咲く。イチョウは雄雌別株である。花は緑色で，葉の間に紛れて分かりにくいが，花期にはイチョウの雄木の下に枯れた雄花がたくさん落ちているのが見られる。雄花はこれを目印に探すと見つけやすい。雄花は比較的低い位置にも付いている。雌花は高い位置にあり，数も少ないのでさらに見つけにくい。歩道橋の近くなどにイチョウの雌木があれば見つけやすい。

❷ 茎・根

　双子葉類の茎の断面の観察の材料として定番とされているのはホウセンカであるが，野草のドクダミも利用できる。ドクダミの独特の臭いで，生徒が嫌がることがあるが，茎が適度の固さを持っており，切片を作るのに適している。ドクダミは校舎の裏など，少し日陰になっている場所に多く生えている。単子葉類の茎の断面の観察の定番はトウモロコシであるが，生の材料は手に入りにくいので，市販されている永久プレパラートを利用するのがよい。生の材料としては野菜のアスパラガスや「ニンニクの芽」として売られているニンニクの茎も利用できる。根の外形の観察には様々な野草が利用できる。また，野菜のワケギ，カイワレはそれぞれ単子葉類の根，双子葉類の根として利用できる。

23

9 動物の解剖

近年，生命倫理の問題から，学校で生体を解剖することは難しくなってきている。そのため，解剖には食材やその副産物を用いるのが一般的である。その場合も，生物の体またはその一部を使わせてもらっているという意識を常に持ち，丁寧に扱うよう指導することが大切である。

❶ 解剖の準備

標準的な解剖器具などの準備として，右のようなものを揃える。解剖皿はプラスチック製のバットが便利である。ある程度の大きさがあったほうがよいが，あまり大きいと理科室の流しで洗いにくいことがある。ゴムマットは，解剖材料を虫ピンでとめる必要があるときに用いる。解剖ばさみは，予算に余裕があれば外科用ばさみを購入したほうが切れ味がよい。ピンセットは，用途によって先の尖ったものと尖っていないものの両方を準備しておくと便利である。解剖材料をゴムマットにとめるときは虫ピンを使うのが一般的だが，裁縫用のまち針を用いると扱いやすい。実験用や食用の動物を用いる場合は，細菌感染などのリスクはほとんどないが，念のため解剖の際には使い捨てのプラスチック手袋を着けさせたほうが生徒も安心する。マスクを希望する生徒もいるので準備しておく。

> **解剖器具などの準備**
> - 解剖皿
> - ゴムマット
> - 解剖ばさみ
> - ピンセット
> - 虫ピンまたはまち針
> - プラスチック手袋
> - 扱う動物の解剖図　など

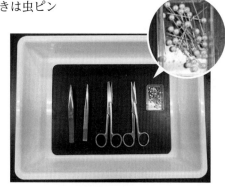

図1 標準的な解剖器具

② 解剖を授業で行うに当たって

（1）目的，観察のポイントを明確に

　材料は限られているので解剖実施前に目的を明確にし，観察のポイントをあらかじめ決めておく。生徒に考えさせてもよい。イカの解剖での目的・観察のポイントを例として示す。

表1　解剖の目的と観察のポイントの一例

[目的]
　　無脊椎動物，軟体動物のイカの体を観察し，そのつくりが生きていく上でどのように役立っているか考える。
[観察のポイント]
　① ひれの役割
　② あしの数，短いあしの数と役割，長いあしの数と役割
　③ 漏斗の位置と役割
　④ 口の位置，どのようなものを食べるか

図2　解剖されたイカ

（2）できない生徒への配慮

　気持ち悪いなどの理由でできない生徒がいた場合は無理強いせず，ほかの生徒が解剖する様子を見て記録を取らせたり，別室で図や写真を見て考察させたりする。また，毛のある動物を扱う場合はアレルギーなどについても注意する（アレルギーについては **55** 参照）。

③ 後片付け，廃棄物の処理など

　解剖を行わせた後の動物の死骸は丁寧に扱うように指導し，細かい肉片などとともに流しに捨てずに，衣装ケースなどに集めさせる。集めた死骸は焼却するのが最もよいが，ほとんどの学校では不可能なので，校内のあまり人の入らない場所に深い穴を掘って埋めるか，ポリ袋を二重にして密閉し，可燃ゴミとして処理する。特に外国から輸入された野生動物は，日本にいないウイルスなどを持っている可能性があるので，生徒の目に触れないときに可燃ゴミとして処理するのが望ましい。器具などはよく洗って，乾かしてから収納する。また，器具などを洗った流しもよく点検し，肉片などが残っていないようにする。

10 薬品の調製

❶ 薬品の調製に必要な器具

薬品の調製には，右のような器具を用いる。

薬さじやビーカーは，薬品によって使い分ける。ステンレス製の薬さじは，酸性物質や酸化性物質に使用すると腐食する。ABS 樹脂製の薬さじは，有機物に使用すると溶けてしまうことがある。

薬品の調製に用いる器具など
・ 薬さじ（ステンレス製，ABS 樹脂製）
・ ビーカー（ガラス製，PE 製）
・ メスシリンダー
・ メスフラスコ
・ こまごめピペット
・ 調製した薬品を入れる容器
・ バット
・ 保護眼鏡
・ プラスチック手袋
・ 電子天秤
・ 薬包紙

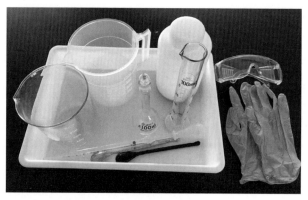

図1 薬品の調製に用いる標準的な器具

液体の攪拌には，図2のようにマグネチックスターラーを用いることがある。攪拌子を液体に入れ，磁力を利用して回転させ，攪拌する装置である。加熱機能付きのものもある。

調製した薬品は，薬品の特性に応じて適切な方法で保管する。各薬品の保管や管理，廃棄処理については，**48**，**49**，**50** で解説する。

図2 マグネチックスターラーによる攪拌

❷ 薬品の調製方法と留意点

　中学校で使用する薬品の濃度は，質量パーセント濃度（％）で表すことが多い。これは，水溶液の質量（g）に対する溶質の質量（g）の割合を百分率で表したものである。例えば，10％の水酸化ナトリウム水溶液100gには，90gの水に10gの水酸化ナトリウムが溶けている。したがって薬品を目的の濃度（％）に調製するときには，必要な薬品や水の質量を計算して調製する必要がある。

$$\text{質量パーセント濃度[\%]} = \frac{\text{溶質の質量[g]}}{\text{水溶液の質量[g]}} \times 100$$

　一方で，液体の薬品や水を用いる場合には，メスシリンダーなどの標線を基準として体積（cm^3）ではかりとるほうが実用的である。そこで調製に必要な薬品および調製後の薬品の密度が $0.9\,g/cm^3 \sim 1.1\,g/cm^3$ の場合（誤差が10％以内に収まる場合）には，$1\,cm^3$ の薬品を $1\,g$（$1\,g/cm^3$）として扱う。濃塩酸（$1.18\,g/cm^3$）などの薬品の場合は，密度を考慮し，必要な薬品の量を算出する。[1]

(1) 石灰水の調製

　石灰水は水酸化カルシウム（消石灰，溶解度0.13g）の飽和水溶液である。約2gの水酸化カルシウムを1Lの水に溶かして調製する。

　図3のような市販の石灰水採水瓶で調製すると，活栓が上方に付いているので，必要なときに上澄み液だけを必要な量だけ取り出せる。採水口から採水するときは，上部を開放する。

　その他の容器で調製する場合は，一晩静置し，上澄み液を取って石灰水として使用する。無色透明な石灰水でも，時間経過とともに空気中の二酸化炭素と反応して白い膜を形成するが，使用に問題はない。

図3　石灰水採水瓶

1）液体の体積の単位には，L や mL を使うことが多い。メスシリンダーなどの目盛り表示も mL となっているものがほとんどである。これ以降の薬品の調製の方法については，mL で記載する（1 mL = 1 cm^3）。

（2）液体の薬品を希釈して調製する方法

例：10％の水溶液を1％の水溶液にする。

10％の水溶液10 mLに，水を加えて100 mLにすると1％の水溶液となる。

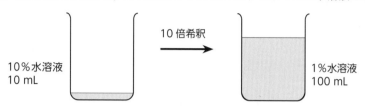

- 薬品の調製に用いる水は，必ず純水（精製水）を使う。
- 薬品の蓋を開けるときは，臭いや噴き出しに注意する。塩酸は塩化水素の，アンモニア水はアンモニアの刺激臭を伴う。喉や鼻の粘膜を傷めるので，換気のよい場所で取り扱い，直接吸い込まないようにする。
- 高濃度（濃塩酸，濃硫酸など）の薬品に水を加えると発熱して危険なので，大量の水に薬品を少しずつ加えていくようにして希釈する。決して逆にしない。

（3）固体の薬品を水に溶かして調製する方法

例：5％水酸化ナトリウム水溶液を調製する。

水酸化ナトリウム5 gに，水を95 mL（95 g）加えると5％水酸化ナトリウム水溶液となる。

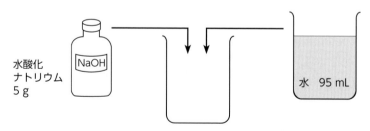

- 水酸化ナトリウムは潮解性があるので，希釈する容器ではかりとるようにする。
- 水酸化ナトリウムは強アルカリで皮膚を冒すため取り扱いに十分注意する。
- 水酸化ナトリウムは水を加えると発熱するので，適量の水を加え溶解熱で十分に溶かしてから，全量の水を加えるようにする。

3 準備する薬品と調製法・留意点 (第1学年)

(1) 薬品一覧

分類	薬品名
酸	塩酸 (劇), 酢酸 (食酢)
アルカリ	水酸化カルシウム (石灰水), 水酸化ナトリウム (劇) <二酸化炭素吸収性 , 潮解性>
塩	硝酸カリウム, 石灰石, 塩化ナトリウム (食塩), ミョウバン (硫酸アルミニウムカリウム), 塩化アンモニウム, チオ硫酸ナトリウム (ハイポ), 硫酸銅 5 水和物 (劇)
酸化物	過酸化水素 (劇) またはオキシドール, 二酸化マンガン (粒状)
単体 (金属)	亜鉛 (花状), 銅 (銅線)
単体 (非金属)	酸素 (缶), 水素 (缶)
有機薬品	エタノール, デンプン (片栗粉), 砂糖 (ショ糖, コーヒーシュガー), ロウ (ペレット状パラフィン), 赤ワイン, メントールまたはパルミチン酸
指示薬など	沸騰石, ヨウ素液, フェノールフタレイン液

(2) 調製法

薬品	化学式	調製方法
5%塩酸	HCl	濃塩酸 (36%) 11.8 mL に水を加えて, 100 mL にする。
10%塩酸	HCl	濃塩酸 (36%) 23.6 mL に水を加えて, 100 mL にする。 ※塩酸は空気に触れると発煙するので, 換気のよい場所で 取り扱うなどの注意が必要である。
3%過酸化水素水	H_2O_2	過酸化水素水 (30%) 10 mL に水を加えて 100 mL にする。 ※過酸化水素水は, 温度が高くなったり直射日光に当てたり, 不純物の混入やアルカリ性にしたりすると分解して酸素を 発生する。精製水で調製し, 鍵付きの冷蔵庫へ保管する。

④ 準備する薬品と調製法・留意点（第２学年）

（1）薬品一覧

分類	薬品名
酸	塩酸（劇）
アルカリ	水酸化ナトリウム（劇）＜二酸化炭素吸収性，潮解性＞， 水酸化カルシウム（石灰水）， 水酸化バリウム８水和物（劇）
塩	塩化ナトリウム（食塩），塩化アンモニウム，炭酸水素ナトリウム， 炭酸ナトリウム，塩化カルシウム＜潮解性＞
酸化物	酸化銅（Ⅱ），酸化銀，酸化カルシウム
単体（金属）	スチールウール，鉄粉（300メッシュ），銅（粉末，銅線）， マグネシウム（粉末または削り状），マグネシウム（リボン）
単体（非金属）	硫黄（粉末），炭（活性炭，粉状など），水素（缶）， 酸素（缶），二酸化炭素（缶，ドライアイス）
有機薬品	デンプン（可溶性），ブドウ糖，エタノール，ワセリン，砂糖
指示薬など	BTB液，塩化コバルト紙， 酢酸カーミン液（または酢酸オルセイン液）， 食紅（またはニュートラルレッド），ヨウ素液，ベネジクト液， フェノールフタレイン溶液，沸騰石，植物染色液

（2）調製法

うすい塩酸の調製法については，第１学年（p. 29）参照。

薬品	化学式	調製方法
5％水溶液	NaOH NaCl Na_2CO_3 $CaCl_2$	固体5gに，水を95mL加える。 ※水酸化ナトリウムや塩化カルシウムは潮解性があるため， 希釈する容器ではかりとり，手早く調製する。
0.5％ デンプン溶液		可溶性デンプン0.5gに水を加えて100mLにする。 ※可溶性デンプンは溶けにくく，ゲル状になりやすいので，0℃ 以上の水に少しずつ溶かすとよい。

5 準備する薬品と調製法・留意点（第3学年）

（1）薬品一覧

分類	薬品名
酸	塩酸（劇），酢酸（食酢），レモン汁，硫酸（劇）
アルカリ	水酸化ナトリウム（劇）＜二酸化炭素吸収性，潮解性＞， アンモニア水（劇），水酸化カルシウム（石灰水） 水酸化バリウム8水和物（劇）
塩	塩化第二銅2水和物（Ⅱ）（劇），塩化ナトリウム（食塩）， 硫酸塩（銅5水和物（劇），亜鉛7水和物，マグネシウム7水和物） 塩化アセチルコリン，硝酸カリウム
単体（金属）	各種金属板（銅，亜鉛，マグネシウムなど），二酸化炭素（缶） マグネシウム（リボン）
単体（非金属）	炭素棒（電極），炭（備長炭）
有機薬品	砂糖（ショ糖），寒天（粉末），デンプン（可溶性），エタノール
指示薬など	BTB液， サフラニン塩酸液（または酢酸カーミン液，酢酸ダーリア液）， ヨウ素液，リトマス紙（赤・青），pH試験紙

（2）調製法

塩酸や水酸化ナトリウム水溶液，5%水溶液の調製法については，「液体の薬品を希釈して調製する方法」（p.28）や第1，2学年（p. 29 ～ 30）参照。モル濃度については 49 参照。

薬品	化学式	調製方法
0.1 mol/L 水溶液	HCl NaOH	濃塩酸（36%）1 mLに，水を120 mL加える。 水酸化ナトリウム0.4 gに，水を100 mL加える。
15% 硫酸塩水溶液	$CuSO_4$ $ZnSO_4$ $MgSO_4$	硫酸銅5水和物25 gに，水を75 mL加える。 硫酸亜鉛7水和物29 gに，水を71 mL加える。 硫酸銅7水和物30 gに，水を70 mL加える。 ※ 1.5%硫酸亜鉛水溶液は，15%水溶液を希釈して調製する。
10% 塩化銅水溶液	$CuCl_2$	塩化第二銅2水和物12.6 gに，水を78 mL加える。

11 ガラス細工に必要な道具

実験の中でも，ガラス器具を扱うことはとても多い。中には簡単なガラス細工で準備できる器具がある。ガラス細工に必要な道具とよく使う手法を紹介する。

❶ ガラス細工で用いる道具

軟質ガラス（ソーダガラス）管を使用する。ゴム管や穴開きのゴム栓とつなげる場合には，それと合うように径の大きさを調べておく。5〜6 mm 径を使うことが多い。ガラス細工を行う際には，表1のような道具を使用する。

図1 軟質ガラス管

表1 ガラス細工に用いる道具

道具名	特徴
ガスバーナーと木製の台または耐熱ボード	軟質ガラス管は，生徒実験で使っているガスバーナーで加工が可能である。熱したガラスは高温になるので，直接実験台等に置くと台の表面が溶けてしまう。溝を施したり穴を開けたりした木製の台や耐熱ボードを用意する。
羽やすり	切りたい位置に 5 mm ほどの傷を入れる道具。
ガラス管切り	切りたい位置でガラス管を挟み回転させると，円形の傷をつけることができる道具。
ピンセット	ステンレス製の大きいものを使うとよい。熱して軟化したガラスを引き伸ばして細くしたり，挟んだりするときに使用するガラス細工用のピンセットもある。
保護眼鏡	ガラスを切るときや熱するときにガラスの破片が飛散する場合があるので，ガラス細工をする際には保護眼鏡を必ず装着する。

❷ よく使うガラス細工の手法

（1）ガラスに傷をつける

　羽やすりの場合は,切ろうとするところに斜め45°の角度で羽やすりを押し当て,引くときに力を加えて,深い傷を5 mmほど入れる。

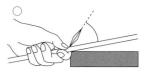

ガラス管に対して45°の角度で羽やすりを当てる。

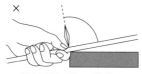

ガラス管に対して垂直に羽やすりを当てない。

羽やすりを前後に動かさない。

図2 羽やすりの使い方

　ガラス管切りの場合は,切りたい位置をやや強く挟み,ガラス管を回転させて傷を付ける。

（2）ガラス管を切る

　図3のように,ガラス管に付けた傷を上にして親指を押し当て,左右に勢いよく引っ張りながらやや曲げるようにして,ガラス管を2つに折るように切る。

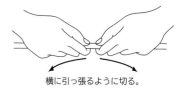

横に引っ張るように切る。

図3 ガラス管を切る

（3）ガラスを軟化させる

　ガスバーナーを点火し,空気を入れて「ゴー」と大きな音がするほどの強火（青色の炎）にする。ガラスは急冷・急熱を避けたほうがよいので,ガラス管は炎の遠火から徐々に高温部へ近づけていくようにする。内炎の先端部が高温になるので,ここに加熱したい部分を持っていく。

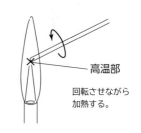

高温部

回転させながら加熱する。

図4 ガラスを加熱して軟化させる

（4）ガラスの切り口をなめらかにする

　ガラスの先端を切りっぱなしの状態にしておくと,手を切りやすく危険である。ガラス管やガラス棒を切ったら,先端をなめらかにする。ガラス管やガラス棒を回転させながらガスバーナーで加熱すると,ガラスが溶け先端をなめらかに丸めることができる。加熱しすぎると管の場合は閉じてしまうので気を付ける。

12 ガラス細工でつくる実験器具

　Ｉ字管，Ｌ字管，ガラス棒などの簡単なガラス器具は，製品を購入するより自作したほうが安価である。例えば，加工されていないガラス管でＬ字管を作った場合には，約10分の1程度の材料費ですみ，限られた予算を有効的に活用することができる。ガラス細工の技法はそれほど難しくないので，理科の教師としては知って得するスキルの一つである。ここでは簡単に作れる実験器具を紹介する。

❶ 上方置換用の気体誘導管（ガラス管付きゴム栓）

① 6 mm 径のガラス管を長さ6 cm に切る。ガラスで手を切って怪我をすることがないように，両端をなめらかにする。

② ①でできたＩ字管に水でうすめた台所用の洗剤を少量付けてガラス管を通りやすくさせ，穴を開けたゴム栓に通す。

図1　上方置換用の
　　　気体誘導管

❷ 水上置換用の気体誘導管（ガラス管付きゴム栓）

① 2個のＬ字管を次ページの手順で作成する。

② 2個のＬ字管の間に，ゴム管やシリコン管をつなげる。

図2　水上置換用の気体誘導管

生徒が実験中にガラス管の先を破損させてしまうことも多いですが，先端を加熱すればなめらかに修理することができ，使えるようになりますよ。

3 L字管

① 6 mm 径，長さ 15 cm のガラス管を用意する。

② ガラス管の中央付近を図3のように回転させながら幅広く加熱する。ガラスの色が橙色になり，片方の手を放すと自然にガラス管が垂れ下がるほどに軟化したら，ガラス管を炎から取り出す。

③ ガラス管を 90°にするために，少しずつ曲げていく。

曲げる角度を 90°に整えたいときは，再び曲げる部分を加熱し，実験台の角に合わせて微調整するとよい。

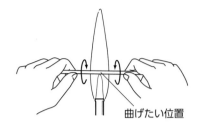

曲げたい位置

図3 ガラス管を加熱する

ア

アの位置でガラス管を 30°程度曲げる。

↓

ア イ

イの位置を加熱して軟化させ，30°程度曲げる。

↓

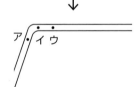

ア イ ウ

ウの位置を加熱し，さらに 30°程度曲げる。加熱部の位置をずらして曲げることで，角が扁平にならずに管を曲げられる。

↓

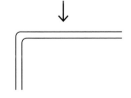

図4 L字管の作り方

軟化後冷めてしまわないうちに手早く曲げる作業をするとよいですが，加熱部は広範囲にわたり熱くなるので，火傷に注意しましょう。

Q 授業のときの持ち物は何を指定すればよいでしょうか。また，全員同じ持ち物を持たせるには，補助教材として学校で購入したほうがよいのでしょうか。

A 回答は様々で1つにまとまりませんが，生徒の実態や学校の環境に応じて考えるとよいでしょう。

「教科書と筆記用具だけで，それ以外は何もなし。実験ごとに自作のワークシートを用意しているから別にノートはいりません。ワークシートがノート代わりという感じです。」

「私もワークシート派。1時間ごとに1枚ずつ配布し，ファイルに綴じてそれをノート代わりにさせています。1年間で1冊の理科授業ファイルが完成します。きちんと書き込んである生徒のものは教科書以上の価値がありますよ。」

「一人1台の端末やそのケース，電子ペンなど。教科書やワークシートはクラウドにあります。」「私はあえてノートに記入させています。ノートでまとめる，ということに意味を感じています。」「私もノートとワークシートの併用派です。A4判のノートを補助教材費で購入して配布し，持ち物に指定しています。」

「教科書とノート以外に，持ち物として資料集を入れています。1年生のときに，補助教材に指定して，全員同じものを買わせています。」

「私は以前は資料集を使っていましたが，最近の教科書はフルカラーになり資料性が十分。資料集は使わなくなってしまいました。」

「最近は資料集も進化しています。数百円でよくこれだけの情報を記載しているな，と感心してしまうくらいよいものがあります。学習を発展的に進めたり，自由研究の参考にしたりと，学校の授業にすぐに役立つだけでなく，開いて眺めているだけでも，科学に対する興味・感心を高めたり，知識・理解を深めたりできるつくりになっていますよ。」

「理科室で観察・実験を行うときには，マスク，保護眼鏡を各自に用意させています。」

「持ち物ではないけれど，教材として，バラの市販テストを買っています。学習のまとまりごとに自己評価や定期考査の練習に使っています。」

「毎年2,000円を実験材料費として集金しています。実験の材料をスーパーやホームセンターで購入しています。」

「残念ながら，私の学校では実験材料費の集金は認められていません。全員で使うものは，公費購入が基本です。ただし，選択理科の授業で，その授業を履修している生徒だけが使う教材については，生徒の自己負担ということで，私費購入が可能です。集金が少々面倒ではありますが…」

「情報端末のみで大丈夫です。」

2章

理科好きを育てる授業

13 理科を学ぶ意味と楽しさ

「なぜ理科を学ぶのか」。教師は，この問いにどう答えるのだろうか。当然だが，この問いに正解は数多くある。教師一人一人に「学ぶ意味」への考え方が違って当然であり，誰かが誰かの考えを押し付けるものではない。大切なことは，この問いへの回答がすぐにかつ熱く伝えられる教師でいることである。著者が本稿で伝えたいことは，一理科教師として常に考えている「理科を学ぶ意味」である。

❶ 理科の楽しさ

著者が考える「なぜ理科を学ぶのか」についての回答は，"理科の楽しさを伝えるため"である。理科は楽しい。理科の授業だけでなく，学校の授業は楽しくなくてはいけないと思っている。学ぶことの楽しさを知った生徒は，次の学びへと自然に連鎖していくからである。理科の楽しさとは何か。著者が考える楽しさを幾つか挙げてみる。

理科の楽しさとは…	・ 見ること	・ 知ること（覚えること）
	・ 不思議に思うこと	・ 使えるようになること

理科の授業は，このような「楽しい体験」を生徒にさせることを中心に構成していく。つまり，授業づくりの基盤であるといえる。

❷ 「見る」「知る」だけで楽しい

理科の世界には，「見るだけで」「知るだけで」楽しいことがある。

「日食」は見れば見るほど，知れば知るほど，そのダイナミックで不思議な現象に引き込まれる。元素記号，星座の種類，世界一のものなどは，ただ「知りたい」「覚えたい」と思う代表である。特に「世界一」「日本一」の話は，授業の導入として活用できる場合が多い。世界一高い木を紹介して，「どうしたら 100 m 以上の高

さまで水を運べるのだろうか」と考えさせてみたり，日本で一番目と二番目に高い山を紹介して，二つの山のでき方の違いを比較したりする授業も考えられる。アンモニア噴水の鮮やかさ，ボルボックスの神秘的な動きなどにも驚きがあり，見るだけで楽しい現象である。

きれい！すごい！でも…

太陽と月って同じ大きさじゃないの？

日本で二番目に高い山が，少しずつ高くなっているって本当？

③ 自ら見つけた課題を自分の力で解決できると楽しい

「使えるようになる」楽しさとは，オームの法則などの公式や，ガスバーナーなどの器具を使えるようになることだけではない。学習したことを「使って」課題を解決できたときに，生徒は理科への「楽しさ」を強く感じるのである。教師は，そのための環境づくり＝授業計画を行う必要がある。

理科の「楽しさ」を感じるための授業計画

① 課題を生徒に見いださせる。（現象を観察させ，不思議に思わせる。）

② 課題を設定する。（簡単すぎず難しすぎない「生徒の力で解決可能な課題」を設定する。）

③ 課題解決のために必要な知識を与える。（暗記させるのではなく，必要な時に確認する方法を教える。）

④ 課題の解決方法を考えさせる。（使用可能な道具・条件を伝える。）

⑤ 生徒一人一人が考える時間と機会を充分に与える。（グループやクラスで考えを共有し，協働する場面を設けることで，必ず「生徒全員」に課題を解決させる。）

「理科の楽しさ」は教師が生徒に押し付けるものではない。生徒自身の力で「楽しさ」に気付き，たどり着くための道筋を作ることこそが教師の役割である。

14 ワークシートでつくる 学ぶ集団

　ワークシートを使用すると，指導がしやすく，生徒にもわかりやすい。特に観察・実験の場面では便利なことが多い。本稿では，ワークシートで進める理科授業について紹介する。

❶ 毎時間１枚ずつワークシートをつくり，思い通りに授業を進めよう

　ワークシート１枚ずつを毎回の授業で使う。サイズは一貫して A4 判や B4 判などに統一するとよい。生徒には，ワークシートをノートに貼ったり，ファイルに綴じたりして管理させる。授業者によって様々な方法があってよい。

　ワークシートの最後には自己評価欄や感想欄を設定し，授業の感想や質問を書かせる。毎回提出させ，評価していく。図１は，実際のワークシートの一例として，２年１分野の「化学変化における酸化と還元」で，実験を行う場合のワークシートの一例である。このワークシートでは，以下の点を工夫している。

ワークシートを作る上での工夫

① 実験の目的で，生徒の授業に対する意識付けをする。（※１）

② 実験器具・方法で，口頭指示だけでは理解が難しい生徒に対して配慮する。

③ 複数の実験を行うため，実験結果や考察の欄に小項目（「① 発生した気体について」等）を付けて，生徒の記述漏れを防ぐ。（※２）

④ 定型文を示し，自分の言葉で表現することが苦手な生徒の指導に役立てる。（※３）

⑤ 右上に学年や番号（「２年化学 No.10」等）を付けて，管理しやすくする。

※１ 目的を生徒に書かせ，より強く意識付けするという方法もある。
※２ 実験結果の欄は，必要に応じて表を与えるなど生徒がまとめやすいよう工夫することも必要である。
※３ 観察・実験はグループで行うため，グループで記述内容を統一させてしまうことがある。自分の言葉で表現することができるよう指導したい。

2章 理科好きを育てる授業

酸化銅と炭素の反応

2年化学 No.10

目的：酸化銅から銅を得ることができるか明らかにする。

準備：□酸化銅　□活性炭　□石灰水　□試験管 (2)　□乳鉢　□乳棒
　　　□気体誘導管　□ガスバーナー　□マッチ　□燃え差し入れ
　　　□電子てんびん　□薬包紙　□目玉クリップ　□薬さじ

方法：① 酸化銅 0.8g と活性炭 0.1g
　　　をはかりとり、乳鉢で十分
　　　に混ぜ合わせる。
　　② 混合物を試験管に入れる。
　　③ 図のような装置で、試験管
　　　をガスバーナーで加熱する。
　　④ 石灰水のようすを観察する。
　　⑤ 気体の発生が終わったら、ガラス管を石灰水から出し、火を消す。
　　⑥ 目玉クリップでゴム管を閉じる。
　　⑦ 試験管内に残った固体を冷めてからとり出し、薬さじ裏側でこすり、
　　　加熱前後の色の変化、光沢を調べる。

酸化銅と炭素の粉末の混合物

石灰水

結果：① 発生した気体について

（操作）したら、（結果）になった。

発生した気体を石灰水に通したら、白く濁った。

② 試験管内の固体について

（操作）したら、（結果）になった。

試験管の中に残った固体を薬さじの裏側でこすると、
赤銅色の金属光沢が見られた。加熱することで、
黒色から赤銅色にかわった。

考察：① 発生した気体について

（結果）から、（結論）と考えた。その理由は（根拠）だからである。

石灰水が白く濁ったことから、発生した気体は二酸化
炭素だと考えた。その理由は、石灰水には二酸化炭素
を通すと白く濁る性質があるからである。

② 試験管内の固体について

（結果）から、（結論）と考えた。その理由は（根拠）だからである。

加熱後、赤銅色になり、光沢が見られたことから、試験管
内の固体は銅であると考えた。その理由は、光沢があるのは
金属の性質であり、赤銅色の金属が銅だからである。

③ 考察①、②から

酸化銅と炭素を反応させると、二酸化炭素と銅
ができることがわかった。

課題：この実験で起こった化学変化を原子のモデルを用いて説明しなさい。

$$CuO + C \rightarrow Cu + CO_2$$

自己評価欄　◎○△で記入する（◎よい、○ふつう、△十分でない）
・今日の授業に進んで取り組めましたか　◎
・観察・実験の内容を理解し、手際よくできました。　◎
・授業中、疑問を感じたり、新たに発見したりしたこと

原子のモデルを使用することで、炭素が酸素を奪っていること
など、目に見えない現象を理解するのに役立つことがわかった。

図1　ワークシートの一例

❷ 生徒と双方向に対話する手掛かり

　ワークシートを使うことで右のような効果がある。特に①と②が、ワークシートに期待したい大きな効果である。授業のここでねらいを確認したい、考察をさせたい、話し

> **ワークシートによる授業効果**
> ① 教師が計画的に授業を展開できる。
> ② 生徒が見通しをもって授業に臨むことができる。
> ③ 教師が評価をしやすい。

合いをさせたい、練習問題を解かせたいなど、授業の流れに沿って構成できる。そのため、教師の計画通りに授業を進行させやすくなる。さらに、生徒も見通しを持って授業に臨むことができるようになる。

　③は、毎回提出させることで、教師は記入の仕方や授業に取り組む態度、観察・実験の知識・技能や思考力・表現力などを評価でき、生徒はその評価を受けて次の授業に生かすことができる。

感想欄を設けることも有効である。よく分かった，分かりづらかったという感想や，授業に対する質問，教師に対する意見など，生徒とよいコミュニケーションを自然に取ることができる。

このように，ワークシートを通した双方向の対話により，生徒の学習意欲が向上し，より主体的に学習に取り組めるようになることが期待できる。

❸ フィードバックがワークシートの決め手となる

ワークシートの中には，次のような評価項目を取り入れるとよい。

ワークシートによる評価
① 観察・実験の結果や考察，結論の評価をする。
② 練習問題を盛り込み，知識や概念の評価をする。
③ 相互評価欄や自己評価欄を設定し，態度，知識・技能を評価する。

1つのワークシートの中の評価項目はあまり増やさず簡単にする。観察・実験よりも評価を書くことに時間がかかってしまうようでは，本末転倒である。評価をした後は，教師によるフィードバックを積極的に行いたい。例えば，「結論」がよく書けている生徒，よい点に着目している生徒などをチェックしておき，授業の終了時に発表させる。発表を聞いた生徒は，自分の考えと照らし合わせて確認し，気が付かなかったことや知らなかったことを的確に捉え直すことができる。発表する生徒もそれを聞く生徒も，今後の学習に向けて意欲を高めることにつながる。授業時間内にできないときは，次時の初めに発表させることもできる。事前にワークシートを回収し，教師が紹介するという方法もある。

ワークシートによる評価には，末尾に一貫して同じ形式の自己評価欄を設定し，継続して評価記録を記入させる方法もある。生徒にとっては学習が積み上げられていくことへの喜びを感じることになり，授業者にとっては学習の流れにおける生徒の変容を把握する手掛かりとなる。継続的に行うには，図2にあるような短時間で記入できるものがよい。最初の項目では「主体的に学習に取り組む態度」の評価に関連付ける。2番目の項目では「知識・技能」の評価に関連付ける。3番目の項目では「科学的に探究する力を養う」一助として，新たな疑問や発見を自由記述させ

る。学習のまとまりごとに行う統括的な評価を行う際に，その記入させた数や内容をまとめて提出させる。これによって，個々の生徒の達成状況も明らかになる。

```
自己評価欄　◎，○，△で記入する（◎よい，○ふつう，△十分でない）

• 今日の授業に進んで取り組めましたか。　　　　　　　　　　[　]

• 観察・実験の内容を理解し，手際よくできましたか。　　　　[　]

• 授業中，疑問を感じたり，新たに発見したりしたこと

[                                                        ]
```

図2　自己評価欄の一例

④ 指導と評価を一体化させる材料とする

　ワークシートはその都度配るため，忘れ物の心配がない。その反面，ワークシートは管理する必要があるが，それを苦手とする生徒もいる。ワークシートを評価し，返却した後，ファイルに綴じるなどの過程まで丁寧な支援を忘れないようにしたい。

　また，ワークシートは授業者が設定した学習内容に沿って，生徒を個別的に学ばせるものであるため，授業が誘導的になりやすい。生徒が受け身の姿勢で授業に臨むことが懸念される。そこで，フィードバックがしやすい利点を生かし，前時の学習内容が定着しているか確認し，不十分な場合は次時の初めに補充する。そのことで，生徒が学習内容を理解し，授業に意欲的に取り組むようになる。生徒の自己評価欄をつくり，ワークシートを作成するとよい。それと同時に，記入しやすいよう，自己評価の方法を記号や数値，記述などを適宜使い分けるなど工夫するとよい。さらに，年間指導計画の中に，生徒が自ら課題を設定する場面などを設け，主体的に学習できることができるよう指導計画を工夫するのもよい。

　他にも，ワークシートには「主たる教材」である教科書のどのページを扱っているのかを明確に示すとよい。教科書は，生徒や保護者にとって授業進度の指標になっている。教科書とワークシートを並行して活用するなど，工夫が必要である。

15 年間指導計画の作成

　学校現場で扱う仕事は多様化してきている。生徒指導や事務処理，児童相談所等を含めた関係諸機関との相談や折衝など，教育実習では経験できないこともたくさんあり，実際に学校現場で働くことになって戸惑うことも少なくない。しかし，教師の仕事として一番は，やはり授業をすることである。学習指導要領（平成29年告示）で重視される主体的・対話的で深い学びは，必ずしも1単位時間の授業で実現できるものではなく，単元などの内容や数時間の授業のまとまりの中で実現されるものである。日々の授業について，指導案を書いたり器具等を準備したりすることはもちろん大切だが，学習の見通しを立てたり学習を振り返ったりといった自らの学習の変容を生徒が自覚する場面をどこに設定するか，対話によって考えを広めたり深めたりする場面をどこに設定するかは，長いスパンで考える必要がある。

❶ 年間指導計画の作成

　年度の初めに自分の担当する学年が決まったら，まずは1年間の指導の見通しを立てることになる。単元をどんな順番でどの時期に指導するのか。教科書の配列順で指導するのもよいが，同じ学年であれば，単元の順番を入れ替えることは可能である。自校の特徴や地域の環境に合わせて作成したい。校外学習などの学校行事や他教科との関連，地域の催しものなど，関係のありそうな事柄を関連付けて見直してみるとよい。校外学習などの学校行事との関連性や，生物・地学単元での継続的な観察の実施を考えた場合，単元の間や時期に応じて時数を確保しておく必要もある。特に生物単元では，時期によって教材が手に入らなくなる場合もあるので，検討が必要である。また，化学実験や気象，静電気の実験などは，気温や湿度が影響することもある。季節の天気をそれぞれの季節で学習するアイディアもあるだろう。折に触れて天候の学習を行うことは，季節感を実感することにもなり，豊かな人間性を育成することにつながるだろう。

学習順序が決まったら，年間の授業時数を単元の中の小単元に割り振ってみる。年間 35 週として計算する。第 1 学年は週 3 時間，第 2・3 学年は週 4 時間なので，それぞれ年間で第 1 学年は 105 時間，2・3 学年は 140 時間の授業をすることになる。例えば，第 1 学年の最初の 4 分の 1（26 時間）で植物の単元を学習するなら，9 週間，4 月の第 2 週から授業を始めて 6 月上旬に終わる予定になる。だとすると，アブラナやツツジの花を教材にした観察が可能となる。次に，月ごとのおおよその指導計画を一覧にしていくことになるが，書式は各学校で定められているものがあるので，教務主任や理科主任の先生に確認しておくとよい。

2 資質・能力の育成

　学習指導要領では，「育成を目指す資質・能力の明確化」が示され，全教科で育成を目指す資質・能力が「知識及び技能の習得」「思考力，判断力，表現力等の育成」「学びに向かう力，人間性等の涵養」の三つの柱に整理されている。

　また，「資質・能力の育成」のため，「理科の見方・考え方を働かせ」ることが求められている。

育成すべき「資質・能力」の例
◆ 知識及び技能の習得
・観察・実験を実行する力
・観察・実験の結果を処理する力
・事象や概念等に対する新たな知識を再構築したり，獲得したりする力
◆ 思考力，判断力，表現力等の育成
・自然事象を観察し，必要な情報を抽出・整理する力
・抽出・整理した情報について，それらの関係性（共通点や相違点）や傾向を見いだす力
・見通しを持ち，検証できる仮説を設定する力
・仮説を確かめるための観察・実験の計画を立案する力
◆ 学びに向かう力，人間性等の涵養
・主体的に自然事象と関わり，科学的に探究しようとする態度
・学んだことを次の課題や，日常生活や社会に活用しようとする態度

これらの「資質・能力」を1単位時間の中ですべて育成するのは不可能である。単元全体や年間を通して，バランスよく育成していくことを計画することが大切である。⑥の評価計画とも関連するので，あらかじめ想定しておくとよい。

「見方・考え方」は，資質・能力を育成する過程で働く，物事を捉える視点や考え方として全教科を通して整理されたものである。学習指導要領においては「自然の事物・現象を質的・量的な関係や時間的・空間的な関係などの科学的な視点で捉え，比較したり，関係付けたりするなどの科学的に探究する方法を用いて考えること」と示されている。

表1 働かせる「見方・考え方」の例

領域の柱	見方	考え方
エネルギー	量的・関係的	比較，関係付け，条件制御，多面的分析，推論　など
粒子	質的・実体的	
生命	共通性・多様性	
地球	時間的・空間的	

❸ 単元指導計画の作成

年間の指導計画を作成したら，次はそれぞれの単元の指導計画を作成することになる。まずは指導する単元から作成していくことになるが，年度の初めに授業のガイダンスを行い，シラバスを提示することも増えている。

日本の小中学校におけるシラバスは，児童・生徒及び保護者に，授業の内容や学習計画を周知させる目的で作成されることが多く，評価材とその評価方法，授業の持ち物や授業に臨む姿勢などを提示していることが多い。生徒への提示という意味だけではなく，自分の授業を考えるためにも授業開始の前にまとめておくとよい。

年度の初めには，学校生活に関するオリエンテーションや学校行事，健康診断など，様々な活動で時間割どおりの授業が確保できるとは限らない。そこで，年間行事予定や月行事予定を確認しながら指導時数を調整していく。このとき，週ごとの指導計画を作成し，内容ごとのまとまりなどを調整していく。

理科という教科は観察・実験が活動の中で大きなウエイトを占めている。しかし単に観察・実験を行うだけでは，深い学びの実現には不十分である。課題を見つけ，

課題を解決するための観察・実験の計画を検討し，実験結果をもとに話し合う…それら探究の過程を全ての授業において実現しようとするのは現実的ではない。単元の中でどのように組み込んでいくかはあらかじめ検討していく必要がある。単元の中でどのような観察・実験があるか，生徒が行う実験か演示実験か，教室で行うか理科室で行うか，校庭や校外に出て行うかなど「誰が」「どこで」行うものなのかは確認しておく。勤務校に複数の理科教師がいる場合には，理科室の使い方にも関わるため，確認や調整が必要になる。

　また，観察・実験に必要な器具や材料を確保しておくことも大切である。不足しているものは購入しなければならないが，予算には限度があるため，購入計画を立てる必要がある。生徒実験か，教師の演示実験かで使用する量は変わってくるので，あらかじめ確認をしておく。保管場所や購入方法については他の理科の先生に確認し，なるべく早く理科室や準備室を調べておくとよいだろう。

4 他教科との関わり

　学習指導要領があるため，学年という大まかな意味では，教科間で内容の履修の順序は保たれているはずである。しかし，指導の順序によって既習と未習が入れ替わったり，内容の扱い方が異なったり場合もある。

　美術科の第1学年で色の三要素を扱うが，同じく第1学年の光の単元で扱う光の三要素を混同したりするので，注意が必要である。また，技術科では回路やエネルギー変換など，理科と重複した内容を扱っている。数学科でも速さの計算を行ったり，問題演習を行う。理科の時数の中で習熟するまで演習を行うことは不可能である。数学科との連動を検討し，定着を図ってもよいだろう。しかし履修の順序は教師によって異なるため，確認しておくとよい。このように，理科だけでなく，他教科の学習内容についても少しずつ知っておくことは大切である。

5 博物館や科学学習センターとの連携

　国立科学博物館をはじめとする博物館や科学館については，修学旅行や校外学習等の中に組み込んだ活動が検討されることが多い。長期休業中の宿題として展示見学させる場合もある。指定するのであれば，各館で注目させたい展示については事

前に指導し，ポイントを押さえた観覧をさせるとよいだろう。学習指導要領に沿った学習シートが用意されている場合もある。あらかじめ印刷・配布を行っておいてもよい。

　博物館や科学館の利用は，直接訪問・観覧する以外にも，各施設が Web 上で公開しているコンテンツを使用した学習も考えられる。**34** で紹介しているので，合わせて検討したい。

⑥ 評価計画の作成

　評価は，ペーパーテストだけでなく，観察・実験のレポートや学習ノート，作品，発表，実技テストなど様々なものがある。特に観点別評価としてそれぞれの観点で評価することが求められるため，その具体的な方法について学習する前に決めておくことが必要である。場合によってはシラバス等で生徒・保護者に情報公開する。これは評価する際の約束事として示す意味もあるが，生徒が学習に取り組むための具体的な指針を示すものにもなる。評価は個人で行うのかグループに対して行うのかなど，人数について慎重に検討する。人数が減れば集中度が高まる傾向があり，増えると役割分担が固定される場合があるので，注意が必要である。

表2 評価の観点と主な評価方法

評価の観点	レディネステスト	教師による観察	観察・実験レポート	学習ノート	ポートフォリオ	ペーパーテスト	実技テスト	作品	発表
知識・技能	◎	○	○	○		○	◎	○	◎
思考・判断・表現		◎	◎	◎	◎	◎		○	○
主体的に学習に取り組む態度	◎	◎	○	○	◎		◎	◎	◎

○　評価しやすい方法　　◎　特に評価しやすい方法

　他に，パフォーマンス課題や自己評価・相互評価などが考えられる。探究の過程を振り返る活動を取り入れる場合，パフォーマンス課題のような学習の活用をする場面の設定や，ポートフォリオのような学習の過程をたどることのできる方法は効果的である。

❼ 個別化・個別実験

　生徒は一人一人別個の人間であり，個人差があるため，可能であれば生徒一人一人に応じた学習を行うほうがよい。しかし，様々な事情により，全ての内容を個に応じたものにするのは困難である。生徒同士による教え合いの場を設定することも含め，個別に学習するよりグループなどの集団で指導したほうが有効な場合もある。そのため，個別化した学習を設定する場面を意識し，計画的に学習を進めることが望ましい。

　学校の施設や設備として，個別化実験を導入できる場合もある。個人で実験を行うことは，責任感や学びに向かう姿勢を醸成することにもつながる。個別化した実験をどこで導入するかを検討し，生徒の育成と準備を図ることは大切である。

　個別化に当たっては，対話的な部分が重要になる。対話というと，教師との対話や生徒同士の対話を思い浮かべることが多いが，それら他者との対話の基になる自らの考えや意見は，自己との対話の中から生まれるものでもある。個人で学習したり実験したりするときだけでなく，クラスやグループなどでの対話を主とした学習活動であっても，まずは自らの考えや意見を書く時間を設けたりすることが大切である。

　検討を重ねた計画であっても，初めから完璧なものができるわけがない。1年間の実施を経て，よかった点は強化し，不備な点は修正していく。学習の計画も評価を行い，次年度に生かす意識が重要である。様々な要素が絡んできてしまうことにもなるが，3年間を見通した学習計画を作成したい。

1）国立科学博物館 "学校利用"
https://www.kahaku.go.jp/learning/learningtool/material/study_sheet.html（参照 2020-12-20）

理科授業の基本

16 指導案の作成

授業は教師一人で行うものでも，生徒だけで行うものでもない。学校教育においては，生徒の学習活動を教師が指導する際に行われる活動の全てである。講義や実習，実験，演習など，様々な活動が考えられるだろう。近年では，教師がいかにして生徒の主体的な活動をデザインするかということが重視され，その計画を記すことが大切であり，「学習指導案」または「学習活動案」とされるようになってきている。

❶ 指導案の形式

項目名や順序は多少変わるが，主に表1のような流れとなる。「読めば内容が分かり，誰でもその授業ができる」というのが指導案の理想である。要点をつかみやすいように，全体の構造を示すように書くことが必要である。

理科学習指導案

- 日時・場所
- **実施学級・人数**
- **授業者名**

1. 単元名
2. 単元の目標
3. 指導観
   (1) この単元の扱いについて
   (2) 生徒の実態について
   (3) 教材の活用について（教材観）
4. 本単元で働かせる理科の見方・考え方
   (1) 見方
   (2) 考え方
5. 本単元で育成する資質・能力
6. 本単元の評価例
7. 本時
   (1) 本時の目標
   (2) 本時の展開
   (3) 板書計画

① 表題など

初めに，表題「理科学習指導案」，日時・場所，実施学級・人数，授業者名を書く。

② 単元名・単元の目標

学習指導要領や教科書に合わせて書く。

③ 指導観（→ p.52 で解説）

（1）この単元の扱いについて

学習指導要領や教科書に合わせて，教科の中における題材としての位置付けやつながりを書く。

（2）生徒の実態について（生徒観）

普段の授業における生徒の様子（行った指導内容とそれに対する生徒の反応など）を書く。

（3）教材の活用について（教材観）

授業で扱う教材について，どの部分をどのように生かすのかを書く。

④ 本単元で働かせる理科の見方・考え方（→ p.52 で解説）

（1）見方

授業の中で重点的に扱いたい見方（物事を捉える視点）を書く。

（2）考え方

探究の過程を振り返る上で特に意識したい考え方（思考の枠組み）を書く。

⑤ 本単元で育成する資質・能力

3観点に分け，それぞれでどんな資質・能力を育成するかを書く。**15** の「育成すべき『資質・能力』の例」（p.45）を参照し，単元の内容に合わせて具体的に書くとよい。

⑥ 本単元の評価例

育成する資質・能力に対して，具体的に単元の内容に即して書く。生徒は何ができるようになればよいかを，教師が観察可能な行動を示す語句を用いて表現する。「理解させる」「考えさせる」「身に付けさせる」等の語句ではなく，「説明できる」「理由が言える」「グラフ化できる」等の行動的な語句となるように注意する。

⑦ 本時（→ p.52 で解説）

（1）本時の目標

学習計画の中から，本時の活動を抜き出して書く。

（2）本時の展開

表にして「導入」「展開」「まとめ」,「学習内容と学習活動」「指導上の留意点」「評価規準（評価方法）」を書く。

（3）板書計画

具体的な板書の内容を記入する。

② 指導観

（1）この単元の扱いについて

　学習指導要領の解説などを参考に，教科の中での位置付けや学んだこととのつながりを含め，授業者による単元の捉え方を示す。教科指導においても他教科・他校種との関連が重視されるようになってきているため，それぞれの既習事項や関連性，展望などを書くとよい。

（2）生徒の実態について（生徒観）

　普段の生徒の様子を参観者に知らせるために書かれるものである。言葉としてまとめることで，自身の今までの授業を振り返ることになる場合もあるため，自身の指導と生徒の反応などをまとめておくとよい。なぜその指導を取り入れたのかという理由を書いておくと，参観者の理解も進むだろう。単元に対する生徒のアンケートや小テストの結果などを載せる場合もある。

③ 本単元で働かせる理科の見方・考え方

（1）見方

　見方については，エネルギー・粒子・生命・地球の各領域で主として扱う項目が示されているが，他のものを使ってはいけないわけではない。

（2）考え方

　考え方は，小学校では学年によって「比較」「関係付け」「条件制御」「推論」などを重点に扱うが，中学校では分け方については重点を置いていない。

表1　働かせる「見方・考え方」の例

領域の柱		見方・考え方
エネルギー	量的・関係的	［ 小学校での見方 ］原因と結果，部分と全体，定性と定量
粒子	質的・実体的	［ 小学校での考え方 ］比較，関係付け，条件制御，多面的分析，推論
生命	共通性・多様性	規則性や関係性，共通点や相違点，巨視的，微視的，定量的，定性的，連続性，順序性　など
地球	時間的・空間的	

④ 本時

（1）本時の目標

　学習計画の中から，本時の活動を抜き出したものになるが，より具体的に，目標・生徒の活動・評価が関係し合ったものとして記載することが望ましい。

（2）本時の展開

　表にして具体的に示す。「導入」「展開」「まとめ」の順に書き分け，時間配分も入れる。列を分けて「学習内容と学習活動」「指導上の留意点」「評価規準（評価方法）」を記入する。

　発問や指示，予想される生徒の対応（発言など）を書き，全体の流れを示すとよい。多くの内容を盛り込みすぎたり，細かく想定しすぎたりすると，生徒の反応によって想定の方向に授業が進まないこともあり，折角の生徒の疑問の芽を摘んでしまうことにもなりかねない。臨機応変に対応できるように，骨子の部分をしっかり書くようにするとよいだろう。

　導入部分では，生徒が目的意識をもって授業に臨むことができるような展開を心掛ける。既習事項の確認，そこから導かれる予想，その確認のための観察・実験という基本的な流れを押さえて，より興味深い本日の目当てを提示することが大切である。

　授業の中には，生徒がノートを書いたり，話し合ったり，まとめを記入したりする時間が必要である。展開の中ではそれらを十分考慮する。個人で考えを深めたり，協力して実験したり，教え合いをしたりというそれぞれの内容によって，時間設定を行い，指示を行う必要がある。

（3）板書計画

　具体的な板書の内容を記入する。提示する内容だけでなく，生徒の反応を書き入れる部分を明示しておくとよい。近年では，プロジェクターなどを利用した図版やデジタル教科書の提示が増えているので，それらについても，提示するページ数などを記入しておくと親切である。他地区からの参観者がある場合には，提示内容をまとめた資料をプリントアウトしておくとよい。

理科授業の基本

17 主体的に学習に取り組む 態度の評価

　平成 29 年の学習指導要領改訂を受けて，評価の観点が整理された。3 観点に整理されたうちの一つである「主体的に学習に取り組む態度」の評価の方法について本稿で取り上げたい。

❶ 「関心・意欲・態度」との違い

　「主体的に学習に取り組む態度」の評価に際しては，単に継続的な行動や積極的な発言を行うなど，性格や行動面の傾向を評価するということではなく，自らの学習状況を把握し，学習の進め方について思考錯誤するなど自らの学習を調整しながら，学ぼうとしているかどうかという意思的な側面を評価することが重要である。従前の「関心・意欲・態度」の観点も，学習内容に関心をもつことのみならず，よりよく学ぼうとする意欲をもって学習に取り組む態度を評価するという考え方に基づいたものであり，この点を「主体的に学習に取り組む態度」として改めて強調するものである。つまり，「関心・意欲・態度」から「主体的に学習に取り組む態度」へと文言は変わっても，その中身はそのままなのである。この改訂を機に，「今まで教師として適切に生徒の態度を評価できていたのか」について振り返り，評価計画・評価方法を改善していきたい。

❷ 適切ではない評価方法

　以下は，「主体的に学習に取り組む態度」の評価方法として適切ではない例である。

① 生徒が授業中に行う挙手や発言の回数を数えたり，自己評価させたりする。

② 授業中に寝たりふざけたりしている生徒の「授業態度点」を減点する。

③ 授業中に板書を書き写したノートや，家庭学習で行ったワークを提出したかどうかを評価する。

①は，生徒の表面的な表現方法の一部を見ているにすぎず，教科の理解・意欲を評価しているとは言えない。

②は，授業規律に対する評価であり，理科の授業だけによらず様々な学校生活の場面で繰り返し評価していくものである。よって，教科の評価として記録に残すべきものではない。

③は，学校や家庭での学習習慣についての評価であり，生徒が理科を主体的に学んでいるかどうかを評価しているとは言えない。中学生に「ノートのとり方」「家庭学習の仕方」を身に付けさせていくことは大変重要なことであるが，理科の授業中に学習した内容に対しての評価材料としては不適切である。この③の方法は，理科だけでなく多くの教科で多くの教師が「関心・意欲・態度」の評価方法として使用してきている。その背景には，この評価の数値化のしやすさ，生徒・保護者への説明のしやすさ，学習意欲が低い生徒への支援のしやすさなどがある。この「しやすさ」が目隠しとなって，「本来生徒に身に付けさせたい力とは何か」が見えにくくなってはいないだろうか。

3 指導と評価の一体化

①～③の評価に共通して言えることは，評価が「指導と一体化していない」ことである。

下の図は，「指導と評価の一体化」を図示したものである。

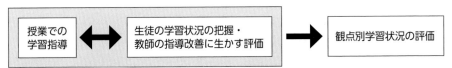

授業では，学習指導と並行して「生徒の学習状況の把握・教師の指導改善に生かす評価（以下「形成的評価」）」が行われ，これらが何度も繰り返されることで，生徒の様々な学力が育成されていく。

「観点別学習状況の評価（以下「総括的評価」）」は，このような学習過程を踏まえた後に行うべきものである。つまり，「総括的評価」をする前には，生徒と教師との間の「形成的評価」のやり取りがなくてはならない。①～③の事例には，このやり取りがないのである。次に，一つの例を示す。

表1 学習内容と観点別評価規準の例 ①

学習内容	観点別評価規準
• 自ら光を出すものと光を反射して見えるものがあることに気付かせる。 • 課題:「光源」の例を幾つか挙げよ。	• 光の進み方やものの見え方に興味を持つ。 【関心・意欲・態度】

　表1は,第1学年物理領域「光」の導入部分である。教師は,生徒に「光源」の例をノートに書けるだけ書かせる。どれだけ書けたかどうかで,教師は生徒の学習意欲を評価しようとしたのである。今までであれば,つい行ってしまいがちな評価である。しかし,この評価は単元の最初に行われており,「形成的評価」のやり取りが全くないため,生徒からすると「学習していない範囲の抜き打ちテスト」に等しい。評価計画を作成する際の注意事項として,「『総括的評価』は単元計画の前半に行わない」ことが大切である。特に,「主体的に学習に取り組む態度」を「総括的評価」として記録に残す場面は,得られた知識・技能を用いて科学的に思考・探究しようとする態度が見られる場面でなくてはならないため,単元の最後に計画することが望ましい。

❹ 生徒の変容を捉える評価方法

　では,どのようにしたら「主体的に学習に取り組む態度」を適切に評価できるのか。様々な議論がある中で,有効と思われる手段の一つは「メタ認知」を見取る方法である。

表2 学習内容と観点別評価規準の例 ②

学習内容	観点別評価規準
• 前時までの既習事項の確認をする。	
• 課題を提示する。(単元の内容を総合的に活用するような内容が望ましい。)	
• 課題に対する個人の考えを班・クラスで共有し,意見交換を行う。	※ 正しい答えを求めすぎず,説明の内容を評価(総括的評価)しない。
• 課題に取り組んだことを通して,「疑問に思ったこと」「新たな課題」及びその課題に対する「自分の考え」を振り返りシートに 記述する。	• 既習事項について振り返り,課題について試行錯誤したり,自らの学習を調整しようとしたりしている。 【主体的に学習の取り組む態度】

表2では，生徒の変容を生徒自身も教師も比較的捉えやすい，振り返りシートの活用を紹介している。一般的な探究の過程では，注意すべきポイントが二つある。一つめは，生徒に与えた総合的・応用的な課題の正答を求めすぎない点である。試行錯誤しながら課題へ取り組む過程を重視しているためであり，説明の内容は「形成的評価（思考・判断・表現)」にとどめる。二つめは，シートに記入させる際の例示の仕方である。以下のように具体的に示し，生徒が自らの変容を表現しやすくするとよい。

×　課題へ取り組んでの感想を書いてください。

○　課題へ取り組んだ自らを振り返り，学習前後の考えを比較してください。

　　「どのような知識および技能を活用したか」

　　「誰とどのような対話をし，自分の考えに変化はあったか」

　　「何に気付いたか」「知りたいこと・疑問に思ったことがあるか」

---

⑤　評価例

　以下に示すのは，振り返りシートへの生徒の記述例である。生徒は，課題を解決するために誰とどのような対話をしたか，何に気付いたかについて記述している。

　今までは自分の知識だけで考えていたが，プリントを見返したり，同じグループのメンバーと実験内容について討論したりして解決できた。一人でやるだけでなく，メンバーで考える大切さ，見返すことの重要さに気付くことができた。

　粘り強く取り組むとともに，自らの学習を調整しようとしている状況が見られるため，主体的に学習に取り組む態度について「おおむね満足できる」状況（B）であると判断する。どの程度の記述内容を「十分満足できる」状況（A）であると判断するかは，引き続きの議論があるべきであり，どのような生徒を育てたいかという教師一人一人の思いがあってよい。ここでより重視すべきことは「努力を要する」状況（C）と判断する生徒をなくすことである。主体的に学習に取り組めない生徒を「ゼロ」にすることこそ，学校の役割であり，授業を行う最大の理由だと考える。

18 理科室の座席や グループの編成

理科室の座席やグループの編成は，実験内容や観察・実験の器具の数に応じて考えるとよい。その際のいくつかのヒントを以下に挙げる。

① グループの人数を決める

実験の作業の量や分担する役割の数，実験器具の数によって各グループの人数を決める。

一人ずつの個別実験を行ったり，二人一組で協力して観察・実験に取り組ませたりすると，授業での集中の雰囲気が高まるという利点がある。顕微鏡を使う授業では，個別化して観察・実験を進めたほうが理解が進むであろう。顕微鏡や双眼実体顕微鏡は一人 1 台が望ましい。それよりも人数が多いグループの場合は，四人で 1 グループとすることが多い。男女二人ずつのグループでは，一般的に落ち着いた雰囲気になることが多い。しかし，男女のうち一方の二人が実験を進め，一方が手を出さず見ているだけ，または記録する程度の役割という分担が自然と固定されてしまうこともある。そのようにならないようにするため，グループ内で役割分担をするとよい。

② グループ内での役割分担と座席表の工夫

グループ内の全員が実験に関わることができるように，操作・計時・読み取り・記録などの役割を設定する。ただし，役割を毎回固定化させない工夫も必要である。教師があらかじめ役割を指定すると，役割分担が固定化しない。

役割分担をするには，座席表に，生徒の氏名とともに各グループ員に番号（1 ～ 4 など）を割り振っておくと便利である。例えば，「今日の実験は，各グループの 1 番が操作，2 番が計時，…」のように，番号と実験での役割を対応させると生徒

自身も役割を把握しやすい。定期的に番号と役割の組み合わせを変えることで，生徒の役割は固定されず，様々な役割を経験するようになる。

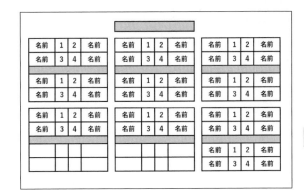

図1 座席表の一例

また，クラス全体で実験結果を共有する際に「各グループの1番の人は発表してください」と指名したり，「各グループの2番の人が○○を片付けてください」のような指示を出したりなど，各グループの特定の生徒を一斉に指名する際にも便利である。

さらに，座席表には座席以外にも消火器の場所やゴミ箱（一般ゴミ・ガラスゴミ）の場所も書いておき，生徒にもそれらの位置を周知させておくとよい。

作成した座席表は，余裕を持って事前に教室や実験室前に掲示しておく。そうすることで，生徒が座席を確認してから着席するまでにかかる時間を減らすことができ，実験操作やまとめの時間を確保できる。

❸ その他

グループを作るに当たっては，人数のみを指定し，全く自由にグループを組ませることも考えてよい。3～5人で自由にグループを組ませると，話し合いが進みやすいという利点がある。

観察・実験の器具は，グループの数だけ揃えたいところである。

生徒用実験卓が床に固定されていないもの（可動式）であれば，実験やグループの人数によって配置を変えると，実験を行いやすくなる。

化学の実験においては，薬品がこぼれたときなどに，すぐに危険を回避できるよう，生徒用実験卓に椅子を置かない（立った状態で実験を行う）というスタイルも考えられる。

19 加熱・点火器具

中学校における加熱器具はガスバーナーを用いることが多い。他にもアルコールランプや実験用ガスコンロ，ハンディバーナー，ホットプレートやドライヤーなど様々な加熱器具がある。それぞれ場面にふさわしいものを検討するとよい。

❶ 実験用ガスコンロ

小学校では，従来のアルコールランプに代わり，実験用ガスコンロの利用が広がっている。実験準備にかかる時間が大幅に短縮できるので，今後中学校・高等学校でも広まっていく傾向がある。ガスバーナーと同等の火力があり，ガラス細工もできる。火力調整はつまみで行うことができ，一点加熱も可能で，

図1 実験用ガスコンロ

不安定な三脚も不要である。燃料は一般のカセットコンロ用ガスボンベ・CB缶（Cassette Gas Bombe 缶）で，簡単に着脱でき，安価である。

❷ ガストーチ（ハンディバーナー）

ガストーチは火力の調節も可能で，強火も得られるところが魅力である。ガスバーナーと同等か，それ以上の火力があり，簡単なガラス細工ならガストーチで十分である。また，試験管で食塩を融解させるには，ガストーチならガスバーナーの半分以下の時間で可能である。ガストーチの燃料はボンベであり，ホースがないので持ち運びが簡単である。理科室が使えないときや，演示実験で強い火力を得たいときなどの使用に適している。燃料は交換式のOD缶（Out Door 缶）で，混入される

図2 ガストーチ

ガスはブタンやプロパンである。最近では，カセットコンロ用のCB缶に取り付けるタイプのハンディバーナーも市販されている。CB缶はOD缶に比べて火力にやや劣るとされているが，屋内の利用であれば問題ない。CB缶を利用したものは従来に比べて低価格であり，理科室に一台常備し，演示実験に用いる。予算に余裕があれば，実験台の数だけ揃え，グループ実験で用いるとよい。

❸ ホットプレート・電気ポット

　ホットプレートは，温度を手軽に調節できるところが利点である。食塩水の水滴が付いたスライドガラスをのせて蒸発乾固させたり，水を張って 50 mL ビーカーなどを湯煎することも可能である。ロウの体積変化の実験で，ロウを融解させるために湯煎することにも使える。理科室に一つは常備したい。また最近では一人用の家庭用電気製品も増え，安価で販売されている。湯を用意するたびにガスバーナーで沸かすのは時間が惜しい。そのときには電気ポットが便利である。4 L 以上沸かせる大型のものであればよいが，必要な湯量に応じて準備したい。最近では，乾電池を用いて給湯できるタイプも発売されており，教室での演示実験などで使用するときに便利である。

❹ マッチ・ガスマッチ

(1) マッチ

　ガスバーナーなどの点火に通常はマッチが使用される。最近はマッチを使ったことのない生徒も多く，むしろ自信をもってマッチを擦れる生徒のほうが少ない。生活経験の中にマッチが入っていないのである。マッチを点火することに対して怖れを抱いている場合が多いので，マッチの点火の指導は丁寧に行い，回数をこなして経験を積ませることが大切である。理科室の授業であれば，終わりのちょっとした隙間時間に点火して消火する練習を取り入れてもよいだろう。マッチの炎を長く保たせることができるよう，火を点けたらマッチの頭が斜め上になるように持つよう指導する。炎が上に伸びることを示して，軸が真下になって炎と 180 °になると燃える

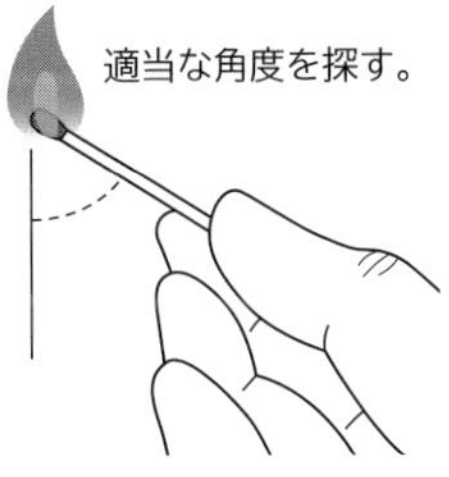

適当な角度を探す。

図3 マッチの持ち方

ものが少なくて長持ちしないこと，軸が真上になって炎と 0°になると軸がすぐ燃えてしまって危ないし熱いことを，実演を交えて示し，炎と軸の適切な角度を調節することが必要だと指導していく。「少なくとも 30 秒」などと秒数を決めて，その時間まで炎を消さずに保てるかを競ってもよい。実技を行うのはグループで一人ずつにし，他の人は道具を触らないように指導を徹底する。実技の最中は喋らないようにしたり，場合によっては実技を行う人へのアドバイスを許可したり，各校の状況に合わせて授業に組み込んでいく。

マッチの箱や燃えがら入れ（缶に穴を開けて作る）を渡すときは，図 4 のようにグループ番号を記入し，中に入れる本数を「3 本まで」などと制限する。中に入れるマッチの向きを揃えたり，開く側を考えて入れることを説明する。細かな配慮の積

図 4 番号を書いたマッチの箱と燃えがら入れ

み重ねが安全をつくることを示して，実験に臨む態度を醸成するとよい。

(2) ガスマッチ

近年，点火器具として圧電素子が装置に組み込まれることが多く，ガスマッチを使って点火する場面も少なくなってきている。マッチと同様に今後なくなっていく道具なのかもしれない。ガスマッチは使

図 5 ガスマッチ

い方について特別な指導が必要ないほど簡単な道具であるため，実験時間を短縮したい場合やマッチによる点火で混乱させたくない場合などには便利である。

5 ガスバーナー

ガスバーナーは 1 cm にも満たないような極弱火から，ガラス細工をするときの強火まで，火力の調整が簡単にできる。教科書にも必ず掲載され，点火や消火の手順が定期テストの問題にもなる。その一方で，取り扱いによっては事故につながる危険な側面もあり，注意して用いる必要がある。実験器具の基礎技能を習熟させる指導の一環として，第 1 学年の化学単元でガスバーナーの使い方を指導すること

が多い。指導の後，実技を経て，パフォーマンステストを行い，技能検定を模した証明書を発行したりすると，生徒の意欲も高まる。

　ガスバーナーには「都市ガス用」「天然ガス用」「プロパンガス用」の3種類がある。理科室のガスに合わせたものを使用する。ガス管は元栓の位置や実験台のサイズに合わせた1m前後のものとする。ガス漏れの心配があることから，使用時以外は元栓から外して保管する。使用する前には，ガスバーナー本体に異物が入っていないか，空気調節ねじとガス調節ねじが回るかを確認しておく。なお，理科室には部屋全体の元栓が設置されているので，普段はその元栓を閉めておく。

(1) メンテナンス

　薬品がこぼれて空気調節ねじの筒内部に付着した場合には，分解して洗い流す必要がある。ガスバーナー本体を分解し，固くなっているグリースを柔らかくするために鍋の湯で煮た後，黒くなっているグリースを拭き取り，新しいグリースを付けて組み立てる。ホースに癖がつかないようにするため，真っすぐにして収納するとよい。邪魔にならない場所があれば，棚の端などにガスバーナーを置き，ホースを垂れさせると，ホースも絡まず，持ち出しやすい。

図6　分解したガスバーナー

図7　ガスバーナーの保管

(2) 安全指導

　使用前に，髪の長い生徒にはまとめるよう指導を行う。点火時や空気の調節の際に炎が吹き上がることがあり，危険である。また，点火の際にマッチを真上から近づけないようにする。ガスの噴出の勢いで火が消えたり，燃えさしが燃焼管の中に落下したりするためである。使用直後の片付けで，空気調節ねじの部分を持ってしまい，火傷をする場合がある。さっきまで加熱していた部分だが，火を消したときに意識から外れてしまうのである。初めて使う場合や久しぶりの場合など，改めて注意を促すことは大切である。スチールウールを加熱する実験などでも，生徒はホースの上を通過させたり，ホースの上で息を吹きかけたりすることがある。例を挙げて十分な注意を行い，実験時の動線を意識するように指導していく。

観察・実験器具の基本基礎操作

20 顕微鏡・双眼実体顕微鏡

　観察に欠かせない拡大装置として，顕微鏡やルーペなどがある。様々な拡大装置の操作方法を学ばせ，技能を習得させるとともに，観察対象によってどの拡大装置を用いるか，生徒自身で選択できるような能力を身につけさせたい。ここでは，主に中学校で使用する顕微鏡の種類と操作方法，管理・メンテナンスの注意点を紹介する。教師が提示用として用いるデジタル顕微鏡については，**28** で紹介する。

❶ 顕微鏡の種類

　中学校で使用する拡大装置は主に，ルーペ，双眼実体顕微鏡，生物顕微鏡の3種類である。中学校理科の指導内容と器具選択の対応を表1に示す。

　ルーペで観察可能なものと双眼実体顕微鏡で観察可能なものには重なりも多いが，形状を観察して生徒の気付きにつなげるのか，細部をスケッチさせるのか，授業の内容によって最適な器具の選択も異なる。生徒が自分でふさわしい器具を選べるようになるとよい。

表1　中学校理科の指導内容と器具選択の対応

学年	学習内容	ルーペ	双眼実体顕微鏡	生物顕微鏡
1年	水中の微小生物	△	○	◎
	花のつくり，葉脈，種子のつくり	◎	○	×
	葉の横断面，葉の表皮	×	×	◎
	胞子のう，胞子	×	◎	○
	火山灰，岩石（剥片）	×	○	◎
	岩石，化石，鉱物，結晶	◎	◎	×
2年	維管束	○	○	◎
	根毛	○	◎	×
	動植物細胞	×	×	◎
	メダカの血液（血球）	×	×	◎
3年	花粉管	×	×	◎

　　　　　　　　　　　　　　　　　　　×　不適　　○　適　　◎　最適

❷ 生物顕微鏡の使用

（1）観察を始める前の準備

　中学校で使用する生物顕微鏡では，一般的に対物レンズが4倍，10倍，40倍の3種類が接続されていることが多い。しかし，数年かけて買い揃えた場合，顕微鏡ごとに接続されている対物レンズ，接眼レンズの倍率が異なることも少なくない。また，鏡筒上下式顕微鏡，ステージ上下式顕微鏡の両方を用いなければ必要台数が確保できない場合がある。いずれか一方のみを使用して生徒全員が観察できるのであれば，操作の指導上そのほうが望ましい。それが難しい場合は，2種類の

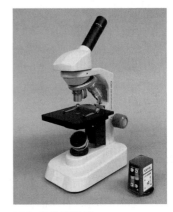

図1　生物顕微鏡
反射鏡を光源に変えられるものもある。

顕微鏡の構造上の違いに注意して操作の指示を出さなければならない。特に，調節ねじによって「上げる」「下げる」という動きと，対物レンズとステージの「近づく」「遠ざかる」という動きは，鏡筒上下式顕微鏡とステージ上下式顕微鏡では異なるため，指示するときの表現には注意が必要である。

（2）観察倍率の選択

　細かい部分の構造まではっきり観察したい場合，より高倍率の対物レンズに変更する必要がある。その際は，より詳しく観察したい部分を視野の中心に寄せ，レボルバーを回して高倍率の対物レンズを選択する。このとき，同メーカー・同タイプの顕微鏡用対物レンズを使用していれば，レンズがプレパラートに接することなく倍率を変更できる。変更後は，調節ねじを用いて微調整を行い，ピントを合わせればよい。しかし，中学校で使用している顕微鏡には，別の型の対物レンズが接続されている場合がある。レボルバーを回したときにプレパラートと接触してしまう可能性があるため，倍率変更の際には十分注意させる必要がある。

　生徒は，慣れてくると，どのような観察対象でも最も高倍率の対物レンズを用いて観察しようとする。もちろんより詳しく観察したいという探究心はよいことではあるが，何を目的として観察しているのか，目的を達成するためにはどのくらいまで拡大することが望ましいのかを考えさせ，倍率を選択できるよう指導したい。

（３）しぼりの操作

　観察倍率や観察対象によって，適した明るさは異なる。低倍率のレンズを用いて観察した場合より，高倍率のレンズを用いて観察したほうが視野全体は暗くなる。教科書には，このようなときは「しぼりを調節して観察に適した明るさにする」という操作が示されている。しかし，生徒は観察に適した明るさがどのようなものなのかを理解せずに顕微鏡を使用している場合が多い。例えば葉緑体の観察などでは，明るいほうが色の様子なども観察しやすくスケッチしやすい。しかし，動物細胞の観察では，明るすぎることによって，細胞膜の境目が逆に見えにくくなることもある。どこの構造をどのように観察させたいのかによって観察に適した明るさも異なることに留意し，机間指導の際は細かくアドバイスすることが重要である。

❸ 双眼実体顕微鏡

（１）観察を始める前の準備

　顕微鏡を買い揃える際，生物顕微鏡の数を優先的に整備することが多いため，双眼実体顕微鏡は仕様の異なるものが混在している場合が多い。操作方法全般に大きな違いはないが，仕様の違いによってできる操作が異なる場合もあるため，事前に確認し，生徒に不公平感を与えないように指導する配慮が必要となる。

（２）観察倍率・ステージの選択

　双眼実体顕微鏡の中にも，対物レンズの倍率が変更できるものがある。双眼実体顕微鏡の場合，ワーキングディスタンスが大きく，この空間を利用して観察し

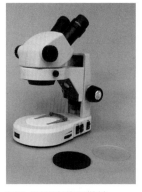

図２ 双眼実体顕微鏡

ながら作業（例えば柄付き針やピンセットの使用等）を行うことも可能であるため，観察対象をどのくらい拡大するか，観察しながらどのような作業をさせるのかといった目的に応じて，より適切な倍率を選択できるように指導する必要がある。一般に，ステージ部分は，取り外して白・黒の選択ができるようになっている。透過照明付きの双眼実体顕微鏡にはガラスのステージが付いている。どのステージを用いるのが適当か，生徒自身で考え選択できるように指導したい。

（3）双眼実体顕微鏡の操作で起こる事故

　双眼実体顕微鏡の中には，本体を支える支柱を粗動ねじで調整するタイプのものがある。初めに粗動ねじを用いて大まかにレンズの位置を調整する。中学校 1 年生で初めて使用する際，レンズを支えきらずに落下させてしまうことも想定されるため，ピント調節には丁寧に目を配る必要がある。また，光源付きの双眼実体顕微鏡を使用する場合，操作中や持ち運びの際に光源（落射照明）に直接触れてしまい火傷をする例もあるため，扱いには充分に注意させる必要がある。

④ メンテナンスについて

（1）定期メンテナンス

　顕微鏡を長く安全に使用するための定期メンテナンスは必要不可欠である。各顕微鏡は年度初めに検眼し，対物レンズがレボルバーにきちんと装着されているか，レンズ自体のねじにゆるみがないかなどを確認しておく。

　ヨウ素液や染色液を用いた観察後には，生徒がピント調節の際に対物レンズとプレパラートを接触させてしまっている可能性がある。使用後には確認し，必要に応じて清掃する必要がある。

（2）レンズの清掃

　最初に，汚れの場所を特定する。視野の中に異物が見えたり，視野がかすんで像がはっきりしないときは，接眼レンズを回してみる。汚れが一緒に回転すれば，汚れは接眼レンズに付着している。一方，接眼レンズを動かしても汚れが動かない場合，倍率を変えると汚れが付着して見える場合は，対物レンズの汚れである。

　レンズの清掃は以下のように行う。ガーゼまたはレンズ用クリーニングペーパーに蒸留水を染み込ませ，軽く拭き取った後，乾いたガーゼで水分を拭き取る。クリーニングペーパーは使用するたびに取り換える。クリーニングペーパーでも落ちない汚れは，レンズを乾かした後，キシレンまたはエーテルと無水エタノールの 7：3 混合液をガーゼに少量浸して拭き，すぐに乾いたガーゼで液を拭き取る。レンズに水分が付いていると白濁する可能性があるため，注意が必要である。

　レンズの表面を拭いても汚れが取れない場合には，専門業者にクリーニングを依頼する。

観察・実験器具の基本操作

21 初めて行う太陽の観察（天体望遠鏡・遮光板）

　「理科準備室に天体望遠鏡がない，天体望遠鏡があっても使えるのか分からない，天体望遠鏡を使ったことがない」という話を聞く。そのため，ここでは天体望遠鏡を使うための初心者向けガイドとして解説したいと思う。ガイドを参考にして，安全指導に配慮した天体望遠鏡を使用した太陽の観察を計画してほしい。

① 教材や機器

（1）天体望遠鏡（鏡筒）

　天体望遠鏡には，図1のように屈折式望遠鏡，ニュートン式反射望遠鏡，シュミットカセグレン式の3種類がある。新規購入する際は，太陽の観測を行うことを想定して，右の「扱いやすい天体望遠鏡の目安」を参考にするとよい。現在，天体望遠鏡がある場合は，その天体望遠鏡及び架台（経緯式，赤道儀式）の特徴を確認して使用する。

扱いやすい天体望遠鏡の目安
鏡筒：屈折式
架台：経緯台
口径：60 mm 以上
倍率：100 倍程度

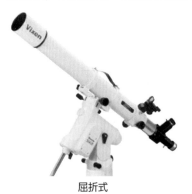

屈折式 　　　ニュートン式 　　　

シュミットカセグレン式

（画像提供：ケニス）

図1 天体望遠鏡の種類
新規購入の場合は，太陽の観測に用いる（太陽投影版を取り付ける）ことを前提に屈折式を選択する。

（2）架台

　経緯台での太陽の黒点の観察は，視野に入れた黒点が地球の自転のため移動をする。観察の間は望遠鏡を動かして視野に入れ続ける必要がある。

　赤道儀では，赤緯軸を観測地点の緯度に傾きを合わせ，次に北の方角に向ける。モータードライブで自動追尾機能を使用すると，日周運動によらず視野に観察したい物体を捉えることができる。

経緯台　　　　　　　　　　　　　　赤道儀

（画像提供：Vixen）

図2　架台の種類

（3）接眼レンズ

　太陽の黒点と月面の観察時の，接眼レンズは接眼レンズの焦点距離が 10 ～ 20 mmを使用する。

（4）太陽投影板

　安全に観察するために，屈折式望遠鏡に，太陽投影板を取り付けて観察を行う。

（画像提供：
Vixen）

図3　接眼レンズ　　　　　図4　太陽投影版

（画像提供：ケニス）

② 指導計画作成にあたって

（1）観察の方法

太陽投影板に写った黒点の位置を，観察記録用紙にスケッチすることを指示する。経緯台の場合は，黒点の位置が移動するので，グループごとに観察を行う。ここで，観察前に黒点の位置を示しておき，地球の自転の様子を確認させることができる。晴天時の放課後や昼休みを利用して 1 か月ほど継続観察を続けて，太陽の自転を確かめることも考えられる。黒点の様子については，国立研究開発法人情報通信研究機構（NICT）の「宇宙天気予報センター」（https://swc.nict.go.jp）で確認をしておく。

黒点観察の方法

① 投影板と記録用紙を屈折式望遠鏡に取り付ける。

② 鏡筒の上下を動かして望遠鏡の影が短くなる場所でねじを軽く締める。

③ 鏡筒を左右に動かして投影板に太陽の影が映るようにしてねじを締める。

④ 観察時には，地球の自転によって投影板から太陽の表面を写したものが動いてしまうことを説明する。

⑤ 記録用紙に黒点を記録するよう伝える。

（2）安全指導

太陽を直視することは危険である。指導計画では，直接観察しないように安全指導を徹底する。

天体望遠鏡を使って直接見ることも危険である。接眼レンズ用のサングラスが付属していた場合は，割れて安全に観察できず危険であるので絶対に使用せず，破棄する。

ファインダー（望遠鏡の上についている小型の望遠鏡）は，目的の天体にねらいを付けて視野に入れるため

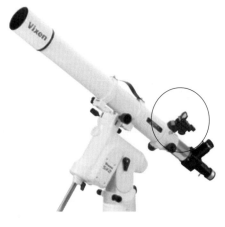

図5 天体望遠鏡のファインダー

に用いる低倍率の望遠鏡であるが，太陽の観察のときは本体の望遠鏡と同様に大変危険なので，覗けないようにキャップをつけてテープで止めておくか，取り外しておく。

日食観察用の「日食グラス」や「太陽観察専用フィルター」は日食時に使用するものであり，通常の太陽の観察時には使用しない。日食の観察を行う際は，安全性を確認し短時間とする。

図6 日食グラス

（3）資料作りのコツ

事前学習や雨天や曇天の時には，「宇宙天気予報センター」国立研究開発法人情報通信研究機構（NICT）から，現在の太陽をモニターなどで映すことも可能である。ここでは，プロミネンス，フレア（コロナ）の様子も確認できる。日の出・日の入りの時間は，新聞の暦の記事に月の情報と共に掲載されている。今日の情報だけでなく，過去の情報もすぐに調べられるようにするとよい。暦の記事を集めてカレンダーのように掲示する等，自由研究や家庭での課題として提示する。国立天文台が編纂する「理科年表」を図書館やWEB版で購入して，生徒や教師が常に調べられるようにしておくとよい。

初めて行う月の観察
（双眼鏡・天体望遠鏡）

　三日月，満月，新月，半月（上弦の月，下弦の月）と，月の形を表す言葉はよく使われ，生徒と教師にとって身近な観察しやすい天体である。ここでは，理科室にある双眼鏡や天体望遠鏡などの器具を初めて使う指導者を想定し，観察と指導計画の作成に必要なことを述べる。

❶ 教材や機器の扱い方

(1) 双眼鏡

　双眼鏡は，月の表面のクレーターの観察に適している。しかし，満月は明るいため，半月，三日月や地球照の観察に用いるとよい。

　天体の観察には，右に示すように，倍率が約7倍程度のものを用意するのが望ましい。重量が重いものは長時間の観察には向かないことや，見たいものを視野に入れておく必要があることから，カメラ用の三脚に設置して観察を行う。小型のものや安価なものは，三脚への取り付けにアダプターが必要な場合があるので，購入時には注意が必要である。

（画像提供：ケニス）

図1　双眼鏡

用意したい双眼鏡の目安
倍率：7倍程度
見掛け視界：40～60度
ひとみ径：5～7 mm
明るさ：25～49

(2) 天体望遠鏡

　天体望遠鏡は，　21　の太陽の観察で解説している天体望遠鏡の使い方を参考にして，観察の準備をする。月の観察には，屈折式望遠鏡，経緯台，10倍程度の接眼レンズを用いる。

❷ 観察の工夫と安全指導上の留意点

(1) 観察期間を決める

　夕方の月齢の小さい三日月の観察から始められるように，天体観測早見表などの資料から月齢を調べ，観察期間を決める。冬は，日没が早く夕方の観察に適しており，空気中の水蒸気が減る時期を選ぶとさらに観察しやすい。また，継続観察から，月の出の遅くなる様子や，月の見える位置と方位の変化から月の満ち欠けの規則性に気付かせることができる。

表1　観察を行うための準備や観察時刻について生徒に伝える事項

月の形	準備や伝達事項
新月	資料を使って月齢を調べ，観察期間を決める。
三日月	夕方ごろの下校時に観察を行う。
上弦の月から満月	昼ごろから休み時間や放課後にかけて観察を行う。
満月	夕方ごろから夜半までの間にかけて観察を行う。
満月から下弦の月	月の出が遅くなるので，観察には適さない（観察しない）。
下弦の月	朝方ごろから登校時にかけて観察を行う。

(2) 観察場所の工夫

　空が開けた場所もあれば，広い範囲で空が見えない場所もある。学校や家の近くで，生徒が知っている近隣の公園や大きな建物，道路を地図で調べておく。また，南が開けた校庭などの場所や，家の窓などを見つけておくよう指示する。

図2　樹木などを目印に観察を行う

(3) 観察記録の工夫

　記録用紙には，方位と，建物や樹木などの月が観察できる方位の目印となるものを記録しておくと，観察結果を比較しやすくなることを伝える。

　日ごろから，学校の門や校舎の呼び名（東門，北校舎）と太陽の位置（日当たりのよさ）を生徒に意識させるようにして，身近な場所で方位の確認ができることを示しておく。

（4）安全指導

　　観察が夜間になったり，観察場所が道路上になることが予想されるので，交通安全や不審者対策など地域の情報を調べて資料に掲載し，安全指導の注意喚起を怠らないようにする。

❸　月を身近な天体としてとらえる

（1）資料作りのコツ

　　新聞の暦やウェブサイトなどから，月の情報や月食の解説を得て活用する。記事の写真や図，映像資料を保存して，資料作りに利用することも考えられる。資料作りに当たっては，著作権に注意する必要があることを伝え，参考資料として出典となる新聞紙名や発行年月日及び面数，ウェブサイトの場合は URL を記載する。

（2）日常生活との関連付け

　　月齢を参照したカレンダーや新聞の暦の記事を理科室に掲示すると，生徒の観察の手助けとすることができる。干満の影響を受ける釣りに関するアプリにも，月の形や出入りの時間についての情報があり，参考になる。

　　また，表3に示すように，「中秋の名月」や「十五夜」のような月の呼ばれ方から，月の出る時間が遅くなることを説明できる。

表1　月と干満を示したカレンダー

2019 年 11 月						
日	月	火	水	木	金	土
					1 中潮	2 中潮
3 小潮	4 小潮	5 小潮	6 長潮	7 若潮	8 中潮	9 中潮
10 大潮	11 大潮	12 大潮	13 中潮	14 中潮	15 中潮	16 中潮
17 中潮	18 小潮	19 小潮	20 小潮	21 長潮	22 若潮	23 中潮
24 中潮	25 大潮	26 大潮	27 大潮	28 大潮	29 中潮	30 中潮

図3　釣り情報

表3 月の呼ばれ方とその説明

月の呼ばれ方	説明
十三夜（じゅうさんや）	陰暦9月13日の夜。 後（のち）の月、豆名月・栗名月ともいう。
中秋の名月 十五夜（じゅうごや）	陰暦の8月15日の月 お月見、芋（いも）名月ともいう。
十六夜（いざよい）	十五夜よりも少し遅い時間に、ためらうように出てくるように見える。
立待月（たちまちつき） 居待月（いまちつき） 寝待月（ねまちつき） 臥待月（ふしまちつき） 更待月（ふけまちつき）	陰暦の十七夜 陰暦の十八夜 陰暦の十九夜　月の出る時間が遅くなっている 陰暦の二十夜 陰暦の二十一夜

（3）天体観望会のすすめ

　学校での夜間の観察や，校外学習として観察会の実施も考えられる。表4を参考にして天体観望会の実施計画案を作成し，管理職に事前に相談を行い詳細を検討する。観察場所の下見を行い準備する。観察を行う場所によっては，**54** にある「実地踏査のポイント」を参考にして危険への対応を行う。

表4 実施計画案作成チェック項目の例

天体観望会　実施計画案作成チェック項目
☐　保護者に文書で通知する。
☐　参加申込書を集めて，事前に開催規模を把握する。
☐　雨天，雷雨，台風など，荒天時の中止の決定と連絡方法を明確にする。
☐　室内の講演会に変更時の詳細を関係者に事前に連絡する。
☐　観察に時間を十分取り，資料の配布と説明はその前後に行う。
☐　保護者の協力を得る。

23 一度は行いたい星の観察（星座早見盤など）

夜間や休業中の課題研究に初めて星座観察を取り入れたいと考えている先生方に，観察のためのコツを述べる。器具や資料作りについては，太陽や月の観察の項（ 21 ， 22 ）を参考にされたい。

❶ 星座早見盤を活用する

星座早見盤を用いると，時間や場所によらず，恒星の位置を探すことができる。紙製で安価なもの（教室で使用，500 円前後），金属製のもの（野外で使用，2,000 円前後），蓄光タイプのもの（夜間に使用，1,000 円前後）などがある。特に観測地の経度・緯度に対応したものもある。

また，インターネットから無料でダウンロードできる星座早見盤・星座早見表もある。プリントして組み立てるタイプのものや，観察日時を設定して太陽，月，惑星を表示できるものなどがある。

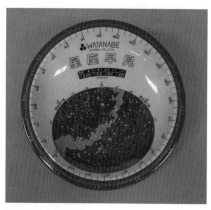

図1 星座早見盤

星座早見盤の使い方

事前に，昼間や部屋などの明るい場所で，使い方を確認しておく。

① 研究時刻板を回して，観察月日と時刻を合わせる。

② 星座早見盤にかかれた方角のうち，観察する方角が手前に来るようにして持つ。星座早見盤の窓の中心が，観察者の真上（天頂）になる。

③ 上に持ち上げて空にかざし，観察したい星座を探す。空に見える明るい星を手掛かりにして，目的の星座を探すとよい。

❷ 星（恒星，星団，星雲）の観察

恒星の中でも1等星等は明るく容易に見つかるので，星座早見盤を使って大体の位置をつかんでおく。星座早見盤には，季節ごとに北と夏の空で，明るく見つけやすい恒星を結び観察の「目印」としたものがあるので，活用するとよい。

表1 季節ごとの観察の「目印」になる星

方角	季節	星座や恒星
北	春	北斗七星（おおぐま座），北極星（こぐま座），カシオペヤ座
南	春	しし座のデネボラ，おとめ座のスピカ，うしかい座のアークトゥルス （春の大三角）
	夏	わし座のアルタイル，こと座のベガ，はくちょう座のデネブ （夏の大三角）
	秋	ペガスス座（秋の四辺形）
	冬	オリオン座のベテルギウス，おおいぬ座のシリウス，こいぬ座のプロキオン （冬の大三角））

❸ 惑星

天体早見表や天体シミュレーションソフトなどから，惑星を観察できる時間や，惑星の位置を記載した資料を作成する。惑星の位置は，星図に記入しておくことも考えられる。月や近くの星座を記入しておくと探しやすい。

表2 肉眼でも観察しやすい惑星

惑星	観察できる時期・時刻や特徴
金星	日没（西の空）または 日の出前（東の空）の地平線
火星	夜間に赤く見える。
木星	夜半に明るく見える。

❹ 星団，星雲

プレアデス星団M45（すばる），おうし座の散開星団（ヒアデス星団）肉眼や双眼鏡で見つけることができる。

❺ その他

国際宇宙ステーション（ISS）とその日本実験棟「きぼう」は，明るく見つけやすいが移動して消えるので，観察できる日時や位置を事前に調べて情報を提供しておくことが考えられる。

Q 「中一ギャップ」という言葉をよく聞きます。私の担当は第1学年ですが，中一ギャップを感じたことはありません。理科でも「中一ギャップ」はあるのでしょうか。

A 文部科学省が平成30年度に実施した全国学力・学習状況調査の「質問紙」集計結果では，「理科の授業の内容はよく分かりますか」という質問に対して「どちらかといえば当てはまらない」「当てはまらない」と回答した児童生徒の割合が，児童10.7%，生徒29.7%と，中学校になると顕著に増えています。残念ながら，理科においても「中一ギャップ」は厳然と存在していると言えます。

小さなことかもしれませんが，教科書やテストの記述で，小学校では「〜です」「〜しましょう」などの優しい表現なのに対して，中学校では「〜である」「〜しなさい」と事務的な表現です。この変化から，中学1年生は，「大人扱い」と「突き放し」の両面を感じるのではないでしょうか。

最近，数名の小学校の先生方と一緒に研究授業の指導案について協議する機会がありました。小学校の先生方は，授業の構成が丁寧です。まず，子どもと事象との出会いに1時間，次に実験方法を考えるのに1時間，実験を行うのに1時間，さらにその発表とまとめで1時間，計4時間の学習計画ができあがりました。中学校の感覚では，それらの全部を含めて1時間です。それぐらいのスピードでやっていかないと次の学年への積み残しが出てしまいます。

中学校は学習して身に付けるべき知識の量が多いのは間違いありません。教科書を開いて比較すると明らかです。中学校の教科書になると，絵や図より文章の割合が明らかに増えています。その内容も，格段に深化し，難しくなっています。では，どうすればいいのでしょうか。

第一は，既習内容との関連を考え，理解を深める指導を，基本に立ち返って丁寧に続けることです。学習指導要領の目標にもありますが，「目的意識をもって観察・実験を行い，自然に対する関心を高め，科学的に調べる能力と態度を育てる」。そのことを通して，「自然の事物・現象についての理解を深め，科学的な見方や考え方を養う」ように，授業を構成するようにします。

第二は，中学校では，小学校で学習したことと似た内容をもう1回学習するような場面が幾つかあります。水溶液，植物の花のつくりや地震や火山等の内容。または，電流計，顕微鏡の使い方やろ過などの基礎操作がそれです。これを，あえて「スパイラルな学習ができるようにしてある」と捉え，小学校での指導を補完するように中学校で指導するとよいでしょう。

3章

新しい
理科授業の
創造

24 デジタル教科書

　デジタル教科書には大きく分けて「指導者用デジタル教科書」と「学習者用デジタル教科書（教材）」の2種類がある。前者は，2000年代に入り少しずつ普及が進んだもので，使用者は教師である。教科書に掲載されている実験の様子の動画，活動のシミュレーション，アニメーションなど，様々なコンテンツが盛り込まれている。後者は，2019年の法改正により定義された「紙の教科書の内容の全部をそのまま記録した電磁的記録である教材」[1)] である。学習者用デジタル教科書は，基本的には紙をそのままデジタル化しただけのものだが，白黒反転など配色を変えたり，ルビを振ったり，本文を読み上げたり，「リフローパネル」でテキスト表示をカスタマイズしたりするなどの特別支援機能を有している。動画やシミュレーションなどの魅力的なデジタルコンテンツは，学習者用デジタル教材にて提供される。上記はいずれも，閲覧用のビューアアプリを端末にインストールするか，サーバーにブラウザでアクセスして使用する。

　学習者用デジタル教科書は紙の教科書の補助的な位置付けであり，使用に際しても時間数を全体の二分の一以内とする，といった制限が設けられている（2020年12月現在）。しかし，その制限を撤廃する見直しが進められており，文部科学省が掲げている「GIGAスクール構想」によって一人1台端末の整備が進みつつある。ICT機器やデジタル教科書も劇的な進歩を遂げていくものと思われ，学びの個別最適化に欠かせないツールとなるだろう。

❶ 指導者用デジタル教科書

　指導者用デジタル教科書（図1）は，教師の端末や学校・教育委員会サーバーにインストールして，プロジェクターや電子黒板に拡大掲示して利用することができる。前述の様々なコンテンツに加え，デジタル教科書を利用することで生徒の目線が上がり，教師はクラスの反応を見ながら授業を進められるなどのメリットもある。

また，紙面の拡大機能により，これまで拡大印刷して用意していた掲示物の準備を省略できるなど，教師の教材準備の手間軽減にも一役買っている。デジタル教科書は，書き込みをやり直したり重ねたりすることが自由自在にでき，付箋機能でまだ見せたくないところを隠しておくこともできる。履歴をそのまま残すことができることも魅力である。

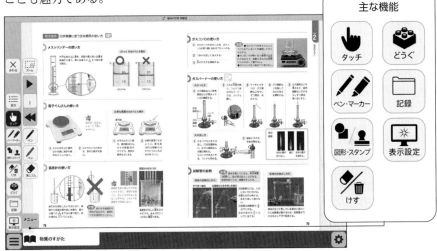

図1 指導者用デジタル教科書の例　　（令和3年版中学校理科デジタル教科書より引用）

❷ 学習者用デジタル教科書（教材）

　学習者用デジタル教科書は，生徒一人1アカウントを取得するライセンス商品であり，自分だけのデジタル教科書として利用することができる。紙の教科書との同一性が担保されているため，教科書に書かれている内容は全て収録しており，前述の充実した特別支援機能により，様々な生徒の個性に応じた「見やすさ」「分かりやすさ」を提供することができる。また，学習者用デジタル教材を一体的に利用すれば，前述の様々なコンテンツを生徒が手元で操作できるようになる。動画教材やアニメーション，グラフ作成機能などを活用することにより，これまでにないインタラクティブな学びが可能となる。コンテンツを介して生徒同士で学び合うなど，主体的・対話的で深い学びの実現を力強くサポートしてくれるだろう。

1）文部科学省初等中等教育局 "教科書制度の概要 2.3. 学習者用デジタル教科書について" 文部科学省，2020-08
　　https://www.mext.go.jp/a_menu/shotou/kyoukasho/gaiyou/04060901/1349317.htm
　　（参照 2020-12-20）

デジタル機器の活用

25 視聴覚機器や コンピュータの活用

① 学習者用端末

　GIGA スクール構想により，2020 年度中を目処に義務教育段階における一人 1 台のキーボード付き P C が配備されることになった（2020 年 12 月現在)。この構想は，新学習指導要領実施に当たり学習の基盤となる資質・能力であると位置付けられた「情報活用能力」の育成を図るために，教育関係者に向けて作成された「教育の情報化に関する手引」[1] に書かれたことを具体化するものである。

　学習基盤となり得る機能を有するものとして，文部科学省は以下のキーボード付きの 3 種 OS の端末を学習者用端末の標準仕様として公表した。[2]

表 1　学習者用端末の標準仕様

提供企業	Microsoft	Google	Apple
OS	Windows 10 Pro	Chrome OS	iPad OS
画面サイズ	9 ～ 14 インチ	9 ～ 14 インチ	10.2 ～ 12.9 インチ
本体名称	Windows PC	Chromebook	iPad

　全国の小中学校に，このいずれかの OS が搭載された端末が配備される。なお，今回の GIGA 機の更新期限が切れた後は，Ｂ Y O D（Bring Your Own Device）やＢ Y A D（Bring Your Assigned Device）によって，筆箱とノートのように各家庭で端末の用意をすることになると思われる。

　今後の学校教育では，Ｐ C は文房具のように当たり前に存在することとなるだろう。また，これらはクラウド・コンピューティングを前提としているため，いつでもどこでもインターネットがつながっている環境であれば，学校や家庭でシームレスに学びを継続して行うことができるようになる。

② 実物投影機（書画カメラ）

　その名の通り，プリントやノート，器具などの実物を投影するための機器である。

その場にいる全員に，容易に意図するものを映像で共有することができる。プロジェクターや電子黒板と組み合わせて使用する。Wi-Fi タブレットが付属しているタイプのものもあり，投影しているものにデジタルで書き込みを行うことができる。ユーザーフレンドリーな設計で，初めて使う人でも扱いやすいのがこれらの機器の特徴である。

❸ プロジェクター

　ＰＣの画面や，前述の実物投影機の映像を投影するために必要な機器である。短焦点型タイプのものもあり，スクリーンから距離を取ることなく使用が可能なので，学校現場では重宝する。

　投影型の電子黒板（タッチ検知機能付きホワイトボード）にプロジェクターを設置する場合は，スクリーンの真上から投影できるタイプのものを使用すると，電子黒板を使って説明するときに教師の手によって影になることがなく，見やすく提示できる。

　投影するスクリーンの大きさにもよるが，暗かったり解像度が低かったりすると投影されたものが見にくいので，明るさ 3500 lm（lumen）以上，解像度がフルHD（1920px × 1080px）以上のものをお薦めする。

❹ 電子黒板

　プロジェクターでスクリーンに投影するタイプのものとモニターに表示するタイプのものがある。前者は 100 インチを超える画面でも比較的安価に設置できるものの，見やすさは後者に劣る。後者はとても鮮明に映像を映すことが可能だが，非常に高価なため，１校に何台も整備することは難しい。

1 ）文部科学省初等中等教育局 "「教育の情報化に関する手引」について" 文部科学省 , 2020-06
https://www.mext.go.jp/a_menu/shotou/zyouhou/detail/mext_00117.html
（参照 2020-12-20）

2 ）文部科学省初等中等教育局 "GIGA スクール構想の実現について" 文部科学省 , 2020-12
https://www.mext.go.jp/a_menu/other/index_00001.htm
（参照 2020-12-20）

3章 新しい理科授業の創造

26 インターネットの活用

❶ インターネットを用いた学習

　生徒たちが生涯にわたって学び続けるための資質・能力の育成を図るために，学校現場では様々な工夫が行われている。現在の高度化された情報社会では，情報を適切に得て，利用し，それらから新しい価値を創造していくことが求められている。そのスキルを身に付けるための核となるものの一つが，インターネットを活用した情報入手である。

　科学技術の発展は加速しており，10年も経つとそれまでの常識では考えられないような製品が日常に浸透する社会が到来している。教科書や資料集のような書籍は，その速い流れの部分について行くことが難しい。そこで活躍するのがインターネットである。インターネットで調べることで，書籍が書かれた当時と現在との溝を埋めることができる。また，インターネットの世界の知識量は膨大であり，想像もつかない学びを生徒自らが選択して行うこともできるのである。

　例えば，植物の観察において，自分が観察した植物について調べるという授業でインターネットを活用すると，植物の特徴を言語化して検索をかけるよいトレーニングになる。場合によっては，自分で撮影した写真を用いて画像検索機能を使えば，言語によらない新しい検索方法の獲得にもつながる。ほかにも，物理現象のシミュレーションや夜空の観察，大掛かりな実験など，学校では観察・実験が難しいものを教師が一律に生徒に見せるのではなく，生徒が自ら検索して，あるいは教師がリンク先を提示して調べるということも考えられる。これにより，どう検索したらよいかを学べると同時に，生徒一人一人が自分のペースで動画や画像を見て，個に応じた学びを行うことが可能になる。

❷ インターネットを用いた調べ学習を始めるにあたって

　生徒たちは日常的にスマートフォンなどのICT機器に触れている場合が多い。

しかし，正しい検索の仕方や，情報収集と正確性の精査などの情報の適切な扱いについて学んでいない場合がほとんどである。情報活用能力は学習の基盤となるものであり，日常の授業の中で体験的に学んでいくことが大切である。インターネットを用いた調べ学習で身に付けさせたいスキルは，以下に示す通りである。

（1）検索エンジンの使用法

　適切な検索語句を用いて検索を行う方法を身に付ける。検索語句はなるべく短い単語を用いることや，フレーズをスペースで区切ること，除外語句には「-」を付すことなど，検索の仕方の基本も伝えるようにする。

（2）どの情報源を信用するかなどの情報の取捨選択

　教師から何も言わないと，生徒は個人運営サイトや Wikipedia などの容易に書き換え可能な情報源を一つだけ検索して写すだけになってしまう場合がある。情報を選択する際には，まずは同一運営者ではなく，かつ伝聞などではない一次資料を掲載している複数のサイトを当たることと，できればドメインを見て「go.jp」「co.jp」といった認証が必要なサイトの情報もあたること，情報発信者が信頼のある団体であるか確認することなどを伝える。そしてそれらを比較して，客観性がある情報を抽出してデータをまとめることができるようにする。

（3）情報の信頼性についての評価

　得た情報の正確性について，教科書や資料集，図書館で借りてきた書籍などと比較して，整合性があるかどうかの確認を行う。調べたサイトの運営が公的な団体による場合は，直接問い合わせやインタビューを行うなど，情報そのものの評価を行うことが必要な場合がある。

　情報活用能力で忘れてはならないのが，参考にした文献がインターネット資料であっても，必ず出典と閲覧日を書く習慣を身に付けることである。書き方はJST（科学技術振興機構）発行の「参考文献の役割と書き方」[1] を参考にするとよい。これを日常的に習慣付けることは，生徒にとって知的財産を保護しようとする科学の世界でとても大切な価値観の涵養にもつながる。

1）科学技術振興機構知識基盤情報部ＳＩＳＴ事務局 "参考文献の役割と書き方" 科学技術振興機構, 2011-3
　　https://jipsti.jst.go.jp/sist/pdf/SIST_booklet2011.pdf
　　（参照 2020-12-20）

27 一人1台の端末の活用①

　平成29年に改訂された学習指導要領では「情報活用能力」を“学習の基盤となる資質・能力”と位置付け，教科等横断的にその育成を図ることとされている。教育の情報化の一層の推進，学校現場での具体的な取り組みの活用のために，文部科学省は「教育の情報化に関する手引」（令和元年12月）を作成し，令和2年6月にはその追補版が公表された。ICTを効果的に活用した学習場面の分類例や，教科におけるICT活用の具体例などが盛り込まれている。

　とくに中学校の理科においては，観察・実験のデータ処理やグラフ化などにコンピュータを活用したり，観察・実験段階でビデオカメラとコンピュータを組み合わせて用い，結果の分析や考察を深めるのに活用することなどに加え，生徒がコンピュータを利用して考えを表現したり交流したりすることや，コンピュータと大型提示装置を組み合わせて，大画面で提示（共有）することなどが想定されている。

❶ 観察・実験時の一人1台端末の活用

　観察・実験段階では，各自の端末で実験の過程や結果などの記録を取ることが考えられる。

　例えば，生物の観察を行った際，スケッチに加えて写真や動画で記録を取っておくと，行動を記録できたり，後で他の生徒の端末にも送って共有することができたりする。化学の実験では，結果だけでなく実験の過程で起こる現象も

撮影して記録しておくと，後で見ると実験中には気付かなかったことを発見したり，文章にまとめるときに役に立ったりする。物理の実験では，音の波形や電流と電圧の関係などについて，測定器具と端末を連携させてデータを取り込みグラフ化することで，実験後の分析に用いることができる。

❷ 観察・実験後の一人1台端末の活用

　観察・実験を行った後の考察の場面で，各自の端末及びそれを連携させた情報共有と分析などの活用が考えられる。

　`28` で具体例を紹介しているが，撮影機能を搭載した機器で記録した画像を各自の端末に移したり，各自の端末で撮影・記録した画像をほかの生徒の端末に移したりして，それぞれが自分のまとめを行ったり，グループでの話し合いに活用したりすることが可能である。

　さらに電子黒板などの大型提示装置と連携させることで，クラス全体での話し

合いや発表にも広げることができる。記録した動画や画像を皆で確認しながら，探究の過程を振り返ることが考えられる。

❸ 個別学習での一人1台端末の活用

　端末を活用して，インターネットやデジタル教材を用いた調査活動や，シミュレーションや動画を使って，実施が難しい活動にもアプローチできる。

　例えば，第1学年の教科書には地形・地層・火山などが資料として載っているが，地学の学習は実際にその場所へ行かないと観察することができない。しかし，インターネットを活用することで，それらを間接的に観察・調査することが可能になる。

　地形や火山の形を見る場合に活用できるのが，国土地理院の「地理院地図 / GSI Maps」（https://maps.gsi.go.jp/）である。地形図，写真，標高，地形分類，災害情報など，日本の国土の様子を発信するウェブ地図で，地形図や写真の 3D 表示も可能となっている。さらに災害関係は　国土地理院「重ねるハザードマップ」（https://disaportal.gsi.go.jp/maps/）や，国土交通省「ハザードマップポータルサイト」（https://disaportal.gsi.go.jp）で，身の回りでどんな災害が起こりうるのかを調べることができる。地層を調べる方法としては，google mapのストリートビューを利用すると，道路沿いの地層を見ることが可能である。

28 一人 1 台の端末の活用②

デジタル顕微鏡や顕微鏡カメラなどを用いることで，観察した試料の静止画や動画を記録したり，それをクラス全員で共有するなどが可能になった。ここではそのメリットや一人１台の端末との連携，使用における課題などについて紹介する。

図1 デジタル顕微鏡

① デジタル顕微鏡とは

通常の生物顕微鏡では接眼レンズを通して観察するところを，液晶モニターで観察することができる顕微鏡である。基本的な使い方は通常の生物顕微鏡と変わらない。

デジタル顕微鏡を使うメリットには次のような点が挙げられる。

- 通常一人でしか観察できないものを，複数人で同時に観察が可能である。
- その場で話し合いながら観察が可能である。
- 教師が顕微鏡の使い方を指示しやすくなる（通常の生物顕微鏡では，生徒が見ている視野が見えないため，操作を指示しにくい）。
- 撮影して画像のデータを取り出すことができ，他の画像と比較することが可能である。
- 画像をデータとして記録に残せるため，記録時間の短縮につながる。
- 視力の問題で通常の生物顕微鏡が使用しにくい生徒でも使用できる。

② 「見えた！」感動を共有できるのが最大のメリット

水中の微小生物の観察の単元では，池の水を顕微鏡で観察する。「おぉ！」「何かいる！回ってる！」「今，動いた！」と，生徒の感想がもれる。デジタル顕微鏡の最大のメリットは，視野を簡単に共有できることである。「すごいね」「よく見つけ

たね」と自然な共感が広がる。教師の操作によって，前面の大型スクリーンに拡大投影することさえ可能である。

③ 一人１台のタブレット端末との連携

デジタル顕微鏡で撮影した画像を生徒一人一人のタブレット端末に移し，生徒が画像を利用してレポートの作成を行うことができる。グループで情報を共有しながら作成することができ，短時間で観察結果をレポートにまとめることが可能となる。

作成したレポートは電子黒板に映して発表活動を行うことができるとともに，印刷して配布することで，記録として残すことも可能である。

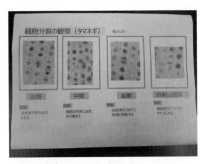

図２ 作成したレポート例

また，全ての生徒の端末画面を教師用の端末から見ること，操作することが可能なため，生徒の撮影した画像の中でよいものを電子黒板に提示し，ほかの生徒に例示することで，対象物を見つけやすくなる生徒もいる。

図３ 電子黒板に映す

④ デジタル顕微鏡やタブレット端末の使用における課題

デジタル顕微鏡は通常の生物顕微鏡より高価であるため，導入台数が限られる。そのため，例えば一人一人には通常の生物顕微鏡を用意し，グループに一台デジタル顕微鏡を用意する方法も考えられる。一方，ハンディタイプのものは価格が安く導入しやすいが，性能にばらつきがあることや，生物顕微鏡の基本操作習得という点で課題が残る。

また，タブレット端末の操作に生徒が慣れるまではレポート作成に時間がかかることもあるため，計画的に進める必要がある。

29 人の輪で広がる理科研究

「教師は多忙である」とはよく言われるが，教師は何に忙しいのだろうか。右のような仕事の多くは，やりがいを感じ，喜びや充実感を得ることができる。だからこそ，多くの教師が夜遅くまで，あるいは休日返上してまでも，これらの仕事に時間を費やすことを惜しまない。さて，授業準備の時間はどれほど取れるのだろうか。

> **授業以外の教師の仕事の例**
> - 担当している校務分掌の書類作り
> - 担任をしているクラスの生徒指導
> - 顧問をしている部活動の指導

① 自分が置かれている状況の把握

右に示すように，教師は経験年数が増えるほど，授業準備に時間をかけずとも「何とかなってしまう」。しかし，実際は「何とかなっていない」ことのほうが多い。生徒を取り巻く社会・環境は常に変化してきているため，三年前と同じ授業・同じ教え方をしたとしても，反応や理解度が変わってくる。よって，若手だけでなく，ベテランの教師でも，自分の教え方に「不安」を感じながら授業をしている方が多いはずである。「不安」から目を背け，「何とかなっている」つもりになるのではなく，目の前にいる生徒にとって最良の授業を常に目指していきたい。そこで，日々の不安，悩みを共有し，改善策について話し合うことができる環境に身を置くことが必要である。

ベテランになればなるほど…

生徒の反応やつまずきは，ある程度予測できる。

授業以外の仕事がたくさんある。

何度もやっている実験だから，準備時間は少なくて大丈夫。

私はベテランだから，何とかなる！

自分の授業スタイルは確立されている。

❷ 研究会への参加

　まず，何かしらの研究会に所属することから始めたい。研究会の中で行われている主な活動には右のようなものがある。区市町村ごとに行われている研究会へは，ほとんどの教師が所属しているはずである。教科ごとに年に数回集まっているところが多いのではないだろうか。最も身近な研究会での活動をまずは大切にしたい。会員にならなくとも，研究会が主催している研修会や講演会，研究発表会に「一度参加してみる」ことから始めるのもよい。回覧や掲示板による研究会案内を閲覧できる学校が多いはずであり，アンテナを高くしておきたい。

> **研究会が行っている活動の例**
> - 研究授業および研究協議会
> - 研究員の設置と活動
> - 研究発表会
> - 実技研修会
> - メーリングリスト等による意見交換
> - 講演会や実地研修の企画
> - 生徒研究発表会の支援

　また，今まで，研究会・研修会に自分を誘ってくれる管理職や先輩教師が一人や二人いたはずである。誰にでも最初の一声，最初の一歩が存在する。最初の一声を私（著者）にかけてくれた大先輩がいたからこそ，私はこの原稿を書くことができている。理科研究への熱い思いと大先輩への感謝の気持ちが消えることは今後もないであろう。

❸ 財産となる人的つながり

　研究会を通して得られる財産の一つに，「人と人とのつながり」がある。悩みを共有し，意見をぶつけ合った研究仲間とのつながりは研究終了後も続いていくことが多い。研究発表会に参加していただいた校長先生や先輩教師の方々からは，当日だけでなく，その後も引き続いて叱咤激励を受けながら温かく見守っていただいている。研究会の中には，教育委員会主催のものだけでなく，理科教育への思いが同じ者同士が自主的に集まったものもたくさん存在する。原則1年間の活動期間である教育委員会主催のものと比べ，数年にわたっての長期的・継続的な研究も可能である。また，会員も全国各地に散らばり，会員数が多いのも魅力である。「つながり」はより大きく広がるに違いない。

さらに広がる理科授業

30 思考ツールの活用

❶ 思考ツールとは

　思考ツール（シンキングツール）は，情報を整理したり，関係性を可視化して見やすくしたりするためのものである。理科は，自然事象の共通性・多様性，相関関係，因果関係などの情報を整理し，関係性を見いだす学習も多い。そんな時に，思考ツールを活用すると，情報の整理や関係性への気付きがうまくいくことがある。

授業で使用したときに得られる効果
・頭の中にある情報を書き出して可視化できる。
・意見や考えを整理して，情報がまとめやすくなる。
・みんなのアイデアを共有しやすくなる。

長期的な使用で得られる効果
・生徒自身が考えをまとめる方法の一つとして使えるようになる。
・理科以外でも使えるツールになる。

❷ いろいろな思考ツール

　座標軸やマトリックス（いわゆる表），ベン図などは使ったことがあるのではないだろうか。これらを用いると，関係性が可視化されて分かりやすくなる。

表1　いろいろな思考ツール

ベン図 （共通性・多様性の気付き）	マトリックス （情報の整理と比較）	ウェビングマップ （対象への考えを広げる）
例：カエルとメダカの比較 カエル　メダカ 肺 あしが　卵　えら 4本　泳ぐ　ひれ はねる　　小さい	例：気体の集め方 |　|利点|課題点
水上置換	純粋な気体を得られる	水に溶ける気体　×
上方置換	装置づくりが簡単	密度が大きい気体　×
下方置換|装置づくりが簡単|密度が小さい気体　×|	例：植物のイメージの拡張 花　野菜 草木　植物　葉 緑　アサガオ

③ 繰り返し使うことで生きたツールになる

　フィッシュボーンなどのやや複雑なツールになってくると，ツールの使い方を把握するだけで時間を使ってしまうこともある。複数の教科において使用したり，幾つかのツールを繰り返し使ったりしていくことで，生徒自身が活用できる生きたツールになってくる。はじめは教師主導で思考ツールを使用するが，やがては生徒自身の選択によって使えるようになるとよい。

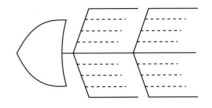

図1 フィッシュボーン

魚の頭の部分に問題となることを書き，大きな原因を太い骨，さらにその原因を細い骨に書いて，問題を分析するツール。

④ ツールを使って科学的な思考や概念を深めることが重要

　思考ツールで考えを可視化すると，人による考えの差異が比較しやすくなる利点もある。生徒同士で可視化したものを比べ，考えの差異に対する理由を説明し合うと，考えはより深いものになっていく。

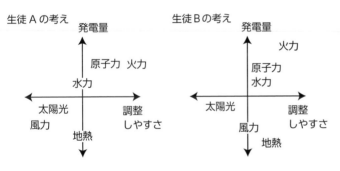

生徒Aの考え　生徒Bの考え

発電可能な量（縦軸）と発電量の調整のしやすさ（横軸）で発電方法を座標軸に書かせた例。
生徒によって位置関係が異なることがある。
生徒Aと生徒Bにどちらの考えが妥当か話し合わせると，より理解が深まる。

図2 発電方法について座標軸に自分の考えを書かせた例

　思考ツールは，情報の整理や関係性を気づきやすくするための方法の1つである。ツールを使うためだけの授業をして，本筋から外れては意味がない。考えを表現する際に，関係性を図示できるのは，理解が進んでいる1つの証である。思考ツールを，生徒に活用させ，文章だけではない表現方法をとらせることで，科学的な思考や概念をより深めさせることが重要である。

31

さらに広がる理科授業

ものづくりの魅力①

学校にはいろいろな生徒がいて，普通の授業の流れでは理科の授業に興味を示さない生徒もいる。生徒が心を開いて関心を示し，意欲的に参加することができる授業には，次のような生徒の姿がある。

魅力ある授業における意欲的な生徒の姿

- 「え？なに？なに？」と思わず顔をあげるなど，強く惹きつけられている姿。

- 「ああ，なるほどね！」と，理解できたことに得意気になっている姿。

- 「へぇ，そういうことか！」と，イメージして納得している姿。

- 「つまりこういうことだよ！」と，他者に思わず説明したくなっている姿。

- 「すごい！」「なんか楽しいね！」と，理解することに面白味を感じている姿。

このような生徒の姿が見られる魅力ある授業を作っていくために，教材研究は欠かせない。ここでは，教師による自作教材を授業に活用する事例を紹介する。

右に示すように，自作教材の作成には幾つかポイントがある。

自作教材の作成のポイント

① 見やすく大きく見せる
② 立体的に作る
③ カラフルで印象的な
④ 持ち運びやすい
⑤ より正確に（リアルさ）
⑥ 手軽さ（材料の安さ）

1 自作教材をどのような意図で使うか

　自作教材は，作ること以上にどう活用するかが大事である。授業者がどのような学習効果を意図するかにより，教材づくりの仕方が変わる。

表1　自作教材の例

教材名	コイルにできる磁界	火山をつくろう	食物の消化モデル
教材事例			
意図	空間認識を助ける	時間的・空間的な理解を促す	教示的な授業展開に躍動感を生み出す

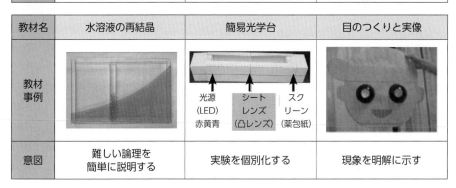

教材名	水溶液の再結晶	簡易光学台	目のつくりと実像
教材事例		光源(LED) 赤黄青　シートレンズ(凸レンズ)　スクリーン(薬包紙)	
意図	難しい論理を簡単に説明する	実験を個別化する	現象を明解に示す

2 自作教材を活用すると授業にどのような変化が期待されるか

　自作教材の活用は，学習効果に加え，生徒の意欲向上・積極性にも大きな影響を与える。

自作教材の活用によって期待される授業の変化

- 生徒の顔が上がる（下を向いていることが少なくなる）
- 生徒が授業前後に教材に興味を示す（自作教材を触りに来る）
- 授業に一体感が生まれる（注目する場所が一点になる）
- テンポよく授業ができる（授業者が生徒の反応や教材を使うのが楽しみになる）

ものづくりの魅力②

　発泡ポリスチレン球を利用した天体の学習はいろいろ考えられる。天体の大きさの比較をしたり，色を塗り分けて満ち欠けを表現するなど，工夫して作った球で天体の動きについてモデル実験を行うと，なかなか実感を伴わない天体の動きを理解しやすくなる。

❶ 地球と月

　地球の直径は 12,756 km，月の直径は約 3,474 km で，月は地球の約 4 分の 1 の大きさである。直径 200 mm と直径 50 mm の発泡ポリスチレン球を用意することで，地球と月の大きさの比較をすることができる。

　また，地球から月までの距離は約 38 万 km，地球の円周は約 4 万 km である。地球から月までの距離は，地球の円周の約 9.5 倍となる。直径 200 mm の球（地球）の周りにたこ糸を 9.5 周（約 6 m）させると，地球から月までの距離を表すたこ糸の長さとなる。直径 200 mm の球（地球）と直径 50

図1　発泡ポリスチレン球とたこ糸

mm の球（月）をこの約 6m のたこ糸でつなぐと，地球と月の大きさと，さらには同じ縮尺で月までの距離を教室で表現することができる。

❷ 月の満ち欠け

　月の満ち欠けを学習するときに，照明装置を太陽に見立て，暗い部屋でボールに光を当て，光の当てた向きやボールを見る向きによって月が満ち欠けする様子を確かめる実験がある。このとき，ボールの代わりに黄色と黒色に塗った直径 200 mm の発泡ポリスチレン球を使えば，明るい教室でも満ち欠けすることを生徒に

見せながら説明することができる。

　また，直径50〜80 mmの発泡ポ
リスチレン球を同様に黒色，黄色半
分ずつに塗り，図2のように竹製の
丸箸を黒色と黄色の境目に差し込む。
一人一人が作り，個別に手で箸を回
して満ち欠けの様子を再現できる。

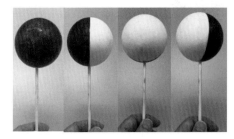

図2　月の満ち欠けモデル

❸　金星の満ち欠け

　学習指導要領（平成29年告示）解説においては，金星の運動と見え方について「地
球から見える金星の形がどのように変化するかという課題を解決するため，太陽と
金星の位置関係に着目してモデル実験の計画を立てて調べさせる」としている。観
察者の視点（位置）を移動させ，太陽，金星，地球を俯瞰させるような視点と，地
球からの視点で考えることが大切であると解説している。

　ここでは，月の満ち欠けで作成した黒色
と黄色の直径50〜80 mmの小型の発泡
ポリスチレン球を金星に見立てる。直径
200 mmの発泡ポリスチレン球（バレー
ボールなどを使ってもよい）を太陽にして，
図3のように，金星の球を太陽の周りに並
べる。

図3　俯瞰した金星の見え方モデル

　少し離れた地球の位置
から金星を観察すると，
太陽・金星・地球の位置
関係から，金星の満ち欠
けの様子（欠けている向
き，大きさ）を調べるこ
とができる。

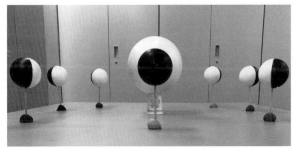

図4　横（地球の位置）から見た金星の見え方モデル

33 長期にわたる継続的な観察

　長期間や継続的な気象観測は，スマートフォンやタブレットなどICT機器によって，データの活用や共有が容易になった。特徴のある気象現象を記録し，指導計画に合わせて教室に再現し，複数の情報を比較しながら話し合う授業が可能となる。以下の例を参考に，積極的に気象観測に取り組んでほしい。

❶ 写真とデジタルデータを併用し，天気の変化を予測する

　写真や動画を撮影する際は，カメラに位置情報，日時の記録する機能があるので，確認して利用する。

　例えば図1，2のように写真を撮影したら，気象要素の観測データや天気図をインターネットから得て，写真の様子と合わせて天気の変化を予測するなど，天気の学習に活用する。

図1 屋上から撮影した北の空と雲の様子

図2 屋上から撮影した南の空と雲の様子

❷ 建物を入れた写真を比較し，空気中の水蒸気の状態変化を説明する

　生徒が見慣れている目標物を入れて撮影し，見え方の違いを考えさせる（図3）。また，同時間の校舎内の窓の様子の写真から，空気中の水蒸気の量，露点，凝結，湿度を説明させる（図4）。

図3 晴れた日の空（左）と曇った日の空（右）　　図4 校舎内の窓の様子
　　の遠くの煙突の見え方の違い

❸ パノラマ写真から雲の広がり・雲底を考える

　スマートフォンのパノラマ写真の機能を使って撮影する。パノラマ写真は，東西
または南北のつながりと連続して捉えることができる（図5）。

図5 パノラマ撮影による360°の雲の様子

❹ 360度カメラで撮影し，天頂と周囲の天気を比べる

　図6は，360度カメラ（RICOH THETAを使用）で全天撮
影したものである。専用のアプリまたはGoogle フォトを
使うと，見たい方向に動かすことができ，共有が可能である。

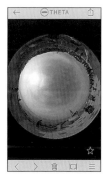

❺ 　参考となる気象情報を提供するホームページ

　継続的な観察を助ける気象情報は，気象庁の各地のアメダ
スの過去データ，日本気象協会「日直予報士」の解説，ウエ
ザーニュースなどでも得られるので参考にするとよい。

図6 360度カメラ
　　による全天撮影

34 公開コンテンツを利用した課題づくり

　学習指導要領には，生徒の実感の伴った理解を図るために博物館や科学学習センター，プラネタリウム，植物園，動物園，水族館などの施設を積極的に活用することが示されている。直接訪問する学習のほかに，web 上で公開しているコンテンツを活用した学習が可能である。また，企業や大学，民間団体等も情報を発信している。学校外の学習資源を効果的に活用して，理科の学習に広がりを持たせたい。

❶ NHKの理科番組の活用

　NHK の学校向けコンテンツ「NHK for School」（https://www.nhk.or.jp/school/）など，NHK の教育番組を授業や自宅での学習で活用する。「NHK for School」は，一つのコンテンツが短時間で構成されているので，活用しやすい。

❷ 植物園や博物館の植物検索システムの活用

　植物図鑑や植物検索システムを公開しているウェブサイトを活用して調べ学習を行う。

　国立科学博物館筑波実験植物園の「植物図鑑」（http://www.tbg.kahaku.go.jp/recommend/illustrated/index.php）や，千葉県立中央博物館の「野草・雑草検索図鑑」（http://chiba-muse.jp/yasou2010/）では，身近な植物を検索することができる。

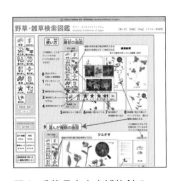

図1 千葉県立中央博物館の
　　「野草・雑草検索図鑑」
（画像提供：千葉県立中央博物館）

課題例：
○○植物園の植物図鑑で植物を 10 種類調べよう。花のつくりや葉のつくりなどに着目して比較し，それぞれの植物の特徴を見つけよう。

2 動物園や水族館が公開する動物のライブ配信の利用

全国の動物園・水族館の動物のライブ配信を観察学習として活用する。

> 課題例：
> ① 動物が食べる様子や行動する様子を観察しよう。
> ②「あし」に着目して，3種類の動物の特徴を比較しよう。

3 天体観測をするための情報の活用

天文台などが発信する情報を活用して継続的な天体観測を行う。

国立天文台暦計算室では，「今日のほしぞら」（https://eco.mtk.nao.ac.jp/cgi-bin/koyomi/skymap.cgi）を公開している。

> 課題例：
> 「月」と「金星」に注目して夜空を観察しましょう。金星を見つけて観測しましょう。

4 博物館の標本・資料データベースの活用

博物館で公開している標本や資料のデータベースを活用する。

国立科学博物館では「標本・資料統合データベース」（https://www.kahaku.go.jp/research/specimen/index.html）で「ヨシモトコレクション（剥製データベース）」など多くの情報を公開している。

> ### 国立科学博物館のデータベースの例
>
> ・ヨシモトコレクション（剥製データベース）
> 　哺乳類の体のつくりを観察し，仲間分けの観点を考えて分類する学習ができる。
>
> ・海産動物プランクトン動画データベース
> 　水中の小さな生物を動画で観察する学習ができる。
>
> ・太陽黒点スケッチデータベース
> 　黒点の観測記録の1か月分のアニメーションを見て，黒点の動きから太陽の自転を推論する学習ができる。

図2 国立科学博物館の「ヨシモトコレクション」
（画像提供：国立科学博物館）

5 自由研究データベースの活用

お茶の水女子大学サイエンス＆エデュケーションセンターでは，「理科自由研究データベース」（http://sec-db.cf.ocha.ac.jp）を公開している。自由研究の進め方の手法についても解説されているので，生徒に活用を勧めるとよい。

さらに広がる理科授業

35 日常生活での材料集め

　日常生活で使用している身の回りのものは，安価に入手できることから授業に取り入れやすい。ここでは，理科の授業で効果的に使用することができる材料と，その使用方法を紹介する。

① ペットボトル

（1）雲の発生実験

　ペットボトルの本体と炭酸キーパーを使用することで，簡易にはっきりとした雲を確認することができる（図2）。ペットボトルは，炭酸飲料用の厚く固いものを用意する。炭酸キーパーは，ペットボトルのキャップと取り換えて口に取り付け，キーパーのポンプを押して加圧することで炭酸が抜けるのを防ぐ道具である。うまくいかない場合は，ペットボトル内部に数滴の水を入れて行うとよい。

図1 炭酸キーパー

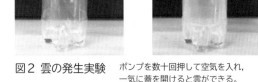

図2 雲の発生実験　ポンプを数十回押して空気を入れ，一気に蓋を開けると雲ができる。

（2）質量保存の法則の実験

　ペットボトルと小型試験管を用意する。塩酸（A）の入った試験管と炭酸水素ナトリウム（B）をペットボトル内に入れ，キャップを締める。その後，ペットボトルを傾けてAとBを反応させる。発生する二酸化炭素はペットボトル内に閉じ込められる。実験前後のペットボトルの質量をはかることで質量保存を確認できる。

（3）空気の重さ

ペットボトルの本体と炭酸キーパーを使用することで，空気の重さを簡易に測定することができる（図3）。

図3 空気の重さをはかる実験

❷ 卵パック

卵パックはセルプレートとして，酸性とアルカリ性の水溶液と薬品の反応（図4）や，細胞分裂の観察時の根の染色などに使用することができる。（ただし，水酸化ナトリウムなど強アルカリ性の水溶液はパックを溶かすため，注意が必要である）。

鶏卵・ウズラの卵どちらでも可能である。卵パックの上下を切り離して，どちらか半分を使用する。

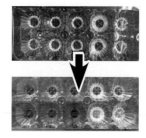

図4 卵パックのセルプレートを使った実験

❸ 蓋付きの空き缶

蓋付きの空き缶は，減圧の実験に使用できる。

蓋付きの空き缶に少量の水を入れる。その後加熱して，容器内部が水蒸気で満たされたら，蓋をする。空気中や水中で冷やすことで，空き缶が凹む様子を観察することができる（図5）。

図5 減圧の実験

36 火山噴出物・火成岩の観察

火山の学習には，いろいろな火山噴出物や火成岩の観察がある。

ホームセンターでは，火山噴出物・火成岩を生活用品やガーデニング，建設資材などとして販売しているものが数多くある。ここではその選び方や使い方について説明する。

❶ 軽石

浴室でかかとなどのかたくなった皮膚を削るために使われるもの。また，ランなどの鉢の中に入れ水はけをよくするために使われる，園芸用の粒になったものもある。

図1 浴室用品の軽石（左）と園芸用の軽石（右）

❷ 鹿沼土

園芸用に利用されている鹿沼土は、およそ3万2千年前に赤城山の噴火によって出された軽石である。この噴火では，噴煙柱とよばれる軽石（鹿沼土），火山灰，火山ガスからなる高温の噴煙が数10km以上の高さまで上がり，偏西風によって噴煙柱に含まれる軽石や火

図2 鹿沼土

山灰が風に運ばれ降り積もった。火山灰の鉱物の観察にも使うことができる。

❸ 赤玉土

赤玉土は関東ローム層を掘り出し，乾燥させてふるいで分けたものである。関東ローム層の起源は，富士山，箱根火山，赤城山，榛名山，浅間山などの噴火による

火山灰が風で運ばれて堆積した
ものである。鹿沼土と同様に火
山灰の鉱物の観察にも使うこと
ができる。

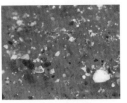

図3 赤玉土（左）と含まれていた鉱物（右）

❹ 火山礫（富士砂）

富士山周辺から産出される多
孔質の火山性砂礫（スコリア）
で，鉄分を多く含み，稜角の多
い黒くて重い砂。多孔質のため
水分を含みやすく，それでいて
排水性がよい。

図4 富士砂（左）とスコリア（右）

❺ 花こう岩

踏み石など様々な形をしたも
のがある。また，壁面などに利
用する「ストーン平板」という
片面を磨き出して光沢を持つ花
こう岩もある。厚さが約1cm
なのでハンマーで小さくするこ
とが容易であり，磨いてあるの
で等粒状組織の観察にも向いている。

図5 小さく割った花こう岩（左）と
　　ストーン平板（右，300mm×300mm）

❻ 溶岩

気泡のある玄武岩質の溶岩や浅間山の安山岩など，
ガーデニング用の岩石もある。

図6 溶岩

37 放射温度計・サーモグラフィー

① 放射温度計

放射温度計は，物体から出る赤外線や可視光線の強さを測定して物体の温度を測る温度計である。近年では，非接触型体温計として，日常の生活の中でもよく使われている。

放射温度計は，接触していなくても温度を測れるという利点があり，数mから数十m離れた場所の温度も測ることができる点で優れている。使用する際には，物質の種類で放射率を変える必要がある。放射率とは，測定対象物の表面から放射される熱放射の理想的な状態と実際の状態の割合である。放射率は測定対象の材質と表面状態で変化し，光沢があって表面がなめらかなものほど，放射率は低くなる。

多少の注意点はあるが，様々なものの温度を簡易的に測れるということは魅力がある。野外での観察において，土の上とアスファルトの上との温度の違いなどが明確に出る。金網や三脚，ガラス器具などが加熱後に高温であることの確認にも使える。価格も数千円で購入可能である。

図1 放射温度計

表1 物質の放射率の例

物質	放射率
水	0.98
木材	0.8 ～ 0.9
研磨した銅版	0.05

② サーモグラフィー・サーマルカメラ

サーモグラフィーとは，サーマルカメラによって物体から放射される赤外線の情報を取得したものを，熱分布の図として表したものである。または，それを行う装置のことを指すこともある。サーマルカメラは，放射温度計と同様に物体から出る

赤外線を検知している。

放射温度計に比べ，熱の分布が図で示されるために，直観的にどの部分が高温になっているかを判断することができる。また，画像を保存することもできるので，記録として情報を容易に残すことが可能となる。

熱の広がり方の一つである伝導についても，実際に熱が伝導する様子を映しだし，視覚的に理解を促すことができる。

サーマルカメラの価格は数万円から始まり，性能の高いものだと数十万円に及ぶ場合もある。学校において，熱の伝導の様子を簡易的に示すのであれば数万円のものでよい。安価なものほど解像度が低いということがあるので注意する。

理科においては，熱という目に見えないものが可視化できる意味は大きく，生徒のイメージを膨らませる道具として使える。百聞は一見に如かずというが，赤外線で見る世界を画像で示せることで，生徒の興味は高まる。熱の伝導の学習以外にも，以下のような様々な分野で活用することが考えられる。

（画像提供：ケニス）

図2 サーマルカメラ
放射温度計の機能も合わせ持つものもある。

図3 加熱中のケトルを撮影した様子

サーマルカメラを活用することで理解しやすくなると考えられる実験の例

- 金属の長い棒の一端を加熱して熱が伝わっていく様子を調べる実験（物理）

- 陸と海のあたたまり方のちがいをモデルを使って調べる実験（地学）

- 変温動物と恒温動物の体表の温度の違いを調べる実験（生物）

- 電力の大きさと電熱線からの発熱の違いを調べる実験（物理）

- かいろの成分を混ぜたときに温度の上がり方を調べる実験（化学）　　など

38 精密電子天秤

最小表示が 0.0001 g の精密電子天秤（図1右）で水の質量をはかると，目には見えない水の蒸発が数値の変化を通して可視化でき，興味深い。10 秒ごとにはかった水，エタノール，湯の表示の減少量は，表1のようになった。

表1 10秒ごとの質量の減少値

はかったもの	減少値
23 ℃の水	約　0.0005 g
23 ℃のエタノール	約　0.0015 g
約 85 ℃の湯	約　0.0051 g

図1 精密電子天秤（右）と
　　デジタルスケール（左）

　減少が最も緩やかな水でさえ，2秒に1回数値が変わっていく様子が分かる。また，同じ常温で比較すると，水よりエタノールの方が表示された数値の減少がより速い。湯はもっと速い。水，エタノール，湯の蒸発の速さの違いも，数値の変化で実感できる。ただし，精密電子天秤の入手には，価格に課題がある。1台10万円以上もする。インターネットでキーワード「0.001 g」で検索すると，送料込みで 3000 円以下の「デジタルスケール」がヒットする。単4乾電池2個で動作する小型のものである（図1左）。

① 演示実験1：一円硬貨をはかる

　まず，一円硬貨をはかることで精密電子天秤の秤量の精密さを確認させる。

① 精密電子天秤のスイッチを入れる。

② 計量皿に何も載せない状態では，表示が「0.000 g」を示すことを確認させる。

③ ピンセットで計量皿の上に一円硬貨を1枚載せ，数値を読み取らせる。

④ 一円硬貨を交換し，表示される値を読み取らせる。

2 演示実験2：水とエタノールを量る

水及び手指用消毒液（エタノール含有）を含ませたティッシュペーパーをはかる。

① デジタルスケールを2台並べて置く。1
台には水，もう1台には手指用消毒液を
含ませたティッシュペーパーをそれぞれ
載せる（図2）。同時に「風袋引き」ボタ
ンを操作して質量をはかり，表示される
数字を「0.000 g」に戻す。

② その後，約1分間，表示される数値の変
化を確認させる。数字の変化はない場合
がほとんどである。そこで携帯用扇風機
で約10秒風を送り，表示の変化を見せる。

図2 水とエタノールの蒸発を調べる
実験で扇風機の風を当てる

蒸発が原因であることを教師が知識として指導する前に「減っていくのはなぜか」
と問い，表示された数値が減少していく実感を通して生徒に気付かせたい。さらに，
減り方の違いを問い，エタノールのほうが水より蒸発しやすいことを引き出す。

3 演示実験3：氷をはかる

氷を計量皿に載せ，表示される値が「増える」か「そのま
ま」か「減る」かで質問をする。その後，携帯用扇風機で約
10秒風を送って表示の変化を見る。

図3 氷をはかる

第1学年で「状態変化によって粒子の運動の様子が変化し
ている」ことを学習する。蒸発について模式的に表し「水の
表面では，温度に関係なく常に水の粒子が水蒸気となって空
中に飛び出している（図4）」という記述があり，その現象を
裏付ける実験となる。氷の実験の結果は意外性がある。「なぜ
そうなるのか」という探究につながる。第2学年の気象の学
習とも関わってくる現象である。空気中の水蒸気が結露して
増えるということを「見える化」することができる。

図4 蒸発モデル

39 デジタル電流計・電圧計・ニュートンばかり

使いやすい新しい観察・実験器具

❶ デジタル電流計・電圧計

第2学年の電気の単元では，回路に電流の関係性や，回路に加わる電圧の関係を調べる際に，電流計・電圧計が必須となる。またオームの法則（電流・電圧と抵抗の関係）を導くときにも，回路の電流・電圧を図る必要があり，電流計・電圧計を使う。3年生でもエネルギーの学習において，電流計を使うことがあり，電流計・電圧計は比較的使用頻度の高い道具ということが言える。

電流計・電圧計は，原理としては電流が磁界から受ける力をを利用して，電流・電圧の大きさに応じて針が動き，その針の指す場所に対応する目盛りで値を読むというシンプルなつくりの道具である（簡易的な電流計は，手作りをすることも可能）。シンプルなつくりの道具は，構造が把握しやすく，修理なども自分でできる部分もあり，依然として価値はある。しかし，アナログな電流計・電圧計では，適切な端子を選ぶ，端子に合わせた目盛りを正確に読み取るという2つの作業が生徒にとってやや難しいものになっている部分がある。思った以上に回路作製に時間がかかってしまったり，測定値の読み間違えなどを生んでしまったりする。

デジタル電流計・電圧計は，マイナス端子を電流や電圧の大きさに応じて変えるという作業がいらない。デジタルの場合には，自動で適切

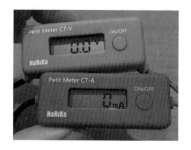

図1 デジタル電流計（下）と電圧計（上）

なレンジが選ばれ，測定値に反映をされる。また，測定値は数字で表示されるので，目盛りの読み方で間違えたりする可能性がなくなる。

これらのことを踏まえると，デジタル電流計・電圧計を使うと，アナログのものよりも時間が省け，さらに結果の正確性も増すことが考えられる。生徒が，結果から法則性を見出す部分を重視するのであればデジタル電流計・電圧計を導入するこ

とには価値がある。

　また，道具としてコンパクトで扱いやすく，かつ操作が簡単という点から，実験の個別化を可能にする道具ということも言える。いくつかの利点と課題があることを念頭に置きながら，使用をしていくとよい。

表1 デジタル電流計・電圧計の利点と課題

利点	課題
・接続が簡単。 ・測定値が数字で読み間違えがない。 ・コンパクトな回路をつくることができる。 ・保管スペースが小さく収まる。	・新規購入する必要がある（1台約5,000円）。 ・電池を入れる必要がある。 ・動作の仕組みが複雑で理解が容易ではない。

② デジタルニュートンばかり

　ばねばかりは，フックの法則をもとにばねの伸びから力の大きさをはかるという原理が分かりやすい器具なので，基本として使い方を教えたり生徒に使わせたりすることには意味がある。しかし，測定できる力の範囲が狭かったり，0の値の校正をしなければならなかったり，正面から値を読み取るようにしな

図2 デジタルニュートンばかり

ければいけなかったりする課題も抱えている。体重計や天秤などは，すでにデジタルのものに置き換わっており，ニュートンばかりも特別ではない。

　デジタルになる利点として，測定できる範囲は広がり，0の値の校正もボタン一つで可能になる。さらに，測定値は数字で示されるので，値の読み間違えを防ぐことができる。力の大きさをはかることは，力のつり合いや，斜面上で台車に働く力などの学習で必要になるので，操作が簡単で測定値の誤りが少ない道具を用意しておくことが大切になる。

　デジタルとアナログには，双方に利点と課題があるわけで，それらを踏まえた上で，上手に併用していくことがよい使い方だと考えられる。

40 データロガー

　データロガーとは，センサー，それをインターフェイスを介してコンピュータに接続し，ソフトウェアによって動作させ，リアルタイムでデータをグラフ化し，収集・表示・分析できる機器をいう。コンピューター計測を用いた実験は，装置が高価，操作が難しいなどの理由で避けられがちである。しかし，生徒実験では見えないデータを示すことで，生徒の理解を深めることにつながることもある。演示用の1台があれば，プロジェクターなどを用いて，拡大掲示しながら観察することも可能である。

　最近は，計測器自体に無線通信ができるようにしたワイヤレスセンサーもあるので，簡易的にできるようにもなってきた。またデータの表示においても，専用のアプリを使ってスマートフォンやタブレットで表示できるため，非常に便利である。各教材会社より様々なタイプのデータロガーが販売されている。そのうち二つのタイプをを紹介する。

❶ 様々なタイプのデータロガー

（1）データロガー＋センサー

　データを収集・表示・分析できるデータロガーに，目的に応じたセンサーを取り付けて使用する。温度センサーや pH センサー，圧力センサーなどを付け替えれば，様々な項目について測定することができる。例えば「イージーセンス　V-Hub」（ナリカ）は,データロガー本体に光,音,湿度,圧の4つのセンサーを内蔵している。

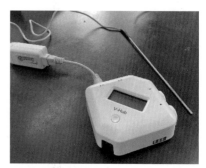

図1 データロガー（右手前）
　　　＋センサー

気

（2）ワイヤレスセンサー

温度センサーやpHセンサーに通信装置が搭載されているため，コード等が邪魔にならず，視野が確保できる。

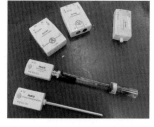

図2 ワイヤレスセンサー

❷ 見えないデータを見る効果的な実験例

（1）温度測定

融点測定や蒸留の実験において，温度変化が速く，目的とする温度の一定値を得られなかった経験はないだろうか。図3のようにワイヤレスセンサーを使って常に温度を計測し，アプリでグラフ化することで，僅かな温度変化を見ることができる。

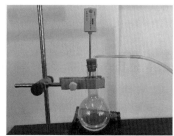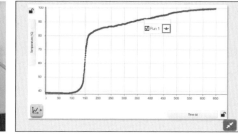

図3 センサーを使った温度測定とリアルタイムでグラフ化したデータ

（2）pH測定

中和滴定において，データロガーを使って中和点付近のpHの値を測定・記録し，pHジャンプ（pHが急激に変化する）を演示することができ，一滴の違いによるpHの変化を見せることができる。ウェブカメラと組み合わせることで，指示薬による色変化とpHの変化を同時に見せることも可能である。

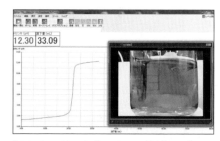

図4 センサーを使ったpH測定とグラフ化したデータ，ウェブカメラの画面

（3）その他の実験で活用できるセンサー例

このほかにも，圧力センサーを使った状態変化における圧力の測定，湿度センサーを使った蒸散量の測定，音センサーによる波形や振動数の測定などに活用できる。

41 3Dプリンタ

　近年，３Ｄプリント（Three-Dimensional Prining）の技術は情報技術の発展と印刷機器の安価化に伴い，商業・工業・医療など様々な分野への応用と活用が進んでいる。３Ｄプリンタの教育利用は，効果的な授業をデザインするための教材作成の新たな教育工学的手法として，これからますます活用が広がっていくだろう。

３Ｄプリンターの活用のよさ

- 授業者自身の工作技能や手先の器用さに関係がなく，誰にでも複雑な形状の立体物を造形することができる。

- 立体教材が量産できる。

- 「見て」「触れて」「確かめられる」過程で，探究のツールになる。

- 構造物が壊れにくい。

　ここでは，誰もが３Ｄ情報を得ることができる国土地理院の地図情報を利用し，３Ｄプリントして理科の授業に活用した２種類の教材作成の事例を紹介する。[1),2)]

❶ 国土地理院の地図情報の利用

　以下のようにして，３Ｄプリントに必要な地図情報を得ることができる（2020年12月現在）。

国土地理院「地理院地図」（https://maps.gsi.go.jp/）で所在地や建物の名称を検索し，検索した場所が中心の地図を画面に表示させる。（図１左）

地図画面の「ツール」から３Ｄ情報を選択する。地図の範囲は，大（2048ピクセル），小（1024ピクセル），カスタムの３種類から選択できる。

画面上に立体地形図が表示される。（図１右）マウスで各方向へ動かし，立体地形の様子を確認する。データ（STL ／ VRML ファイル）をダウンロードして，３Ｄプリンタで印刷する。

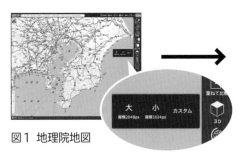

図1 地理院地図

（出典：国土地理院ウェブサイト）

❷ 3Dプリントした教材

（1）火山の形・扇状地・V字谷の地形教材

火山の山体の形態や扇状地，V字谷などの地形の様子を3Dプリントしたものである（図2）。二次元の写真では分からない地形の凹凸が，触れてみるとよく分かる。

図2 V字谷（左）と火山の形（右）

（2）身近な地域の地形（防災教育）

身近な地域の3D地形教材は，生徒の生活圏の地形理解を促す教材として活用できる。都市部では建築物の凹凸が目立ち，地形そのものに着目させるのが難しく，高低差が比較的小さい場所では地図上の等高線さえ記載されていないこともある。しかし，気象災害による浸水や津波ではわずか数mの高低差でも大きな意味を持つことがあるため，たとえ数mでも土地の凹凸が分かる教材は有用である。

3Dプリントした地形

プラスチック樹脂で雌型を取り（写真左），紙粘土を押し込み型から外すと3Dプリントと同じ地形モデル（右）が量産できる。

透明のOHPシートに転写した土地条件や，ハザードマップを上から重ねて使用する。

図3 身近な地域の地形　高低差を触覚で感じ取るためには鉛直方向の尺度を拡大する必要があると言われており，この教材では高さを10倍に強調したデータを利用している。

1）大崎章弘，川島紀子，露久保美夏，貞光千春，里浩彰，榎戸三智子，竹下陽子，千葉和義
"減災どこでも理科実験パッケージの開発と検証〜3Dプリンタを活用した簡易な地形・地域教材の開発"
日本理科教育学会全国大会発表論文集第16号，2018，p.452

2）川島紀子，内藤理恵，大崎章弘，千葉和義 "3Dプリンタを活用した教材を用いて地域の地形や防災について考えを深める授業実践"日本科学教育学会研究会研究報告，34(3)，2019，p.269-274

42

使いやすい新しい観察・実験器具

市販品を利用した ダニエル電池

第3学年「化学変化と電池」の単元で，ダニエル電池を通して電池の基本的な仕組みを学習することが示されている。中学校でダニエル電池を使用して学習するのは初めてとなるため，ダニエル電池を製作するために必要な教材が理科室にないことが考えられる。学校によっては，実験器具に十分予算を割けない場合も多いと思われる。

一般に，ダニエル電池は素焼き容器やセロハン膜を隔膜として製作する（図1）。素焼き容器やセロハン膜が学校にない場合，必ずしも教材会社を通して購入しなくてもよい。市販品を利用すれば，安価で簡易にダニエル電池を製作することができる。

図1 素焼き容器（左），セロハン膜（右）のダニエル電池

❶ 素焼き皿を利用したダニエル電池

（1）準備するもの

準備するもの	
・14% 硫酸銅水溶液	・銅板
・7% 硫酸亜鉛水溶液	・亜鉛板
・素焼き皿（※1）	・導線（2本）
・プラスチック皿（※2）	・プロペラ付き低電圧モーター（※3）

※1 100円ショップで購入できる。
※2 プラスチックまたはガラス製のものを用いる。
※3 電子オルゴールや低電圧LEDなどでもよい。

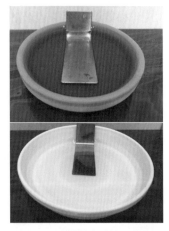

図2（上）硫酸銅水溶液と銅板
（下）硫酸亜鉛水溶液と亜鉛板

（2）製作方法

① 亜鉛板と銅板の端から約 2 cm の
ところを折り曲げる。

② プラスチック皿に硫酸亜鉛水溶液
と①の亜鉛板を入れる（図2上）。

③ 素焼き皿に硫酸銅水溶液と①の銅
板を入れる（図2下）。

④ ②に③を入れ，電極とプロペラ付
きモーターを導線でつなぐ（図3）。

図3 プラスチック皿に素焼き皿を重ねて
入れるとダニエル電池ができる

2 とろみ剤を利用したダニエル電池

（1）準備するもの

準備するもの	
・14% 硫酸銅水溶液	・銅板
・7% 硫酸亜鉛水溶液	・亜鉛板
・とろみ剤（※1）	・導線（2本）
・ペトリ皿	・電子オルゴール

※1 介護食などで使用されるもの。水溶液をゲル化する。

図4 とろみ剤

（2）製作方法

① 亜鉛板と銅板の端から約 2 cm のところを
折り曲げる。

② 硫酸銅水溶液，硫酸亜鉛水溶液 100 mL そ
れぞれにとろみ剤を 3 g 加えかき混ぜる。

③ ペトリ皿に亜鉛板と銅板を入れて導線を付
け，電子オルゴールをつなぐ。亜鉛板側に
とろみの付いた硫酸亜鉛水溶液，銅板側に
とろみのついた硫酸銅水溶液を 50 mL ずつ
入れていく。

図5 とろみを付けた硫酸銅水溶液

図6 とろみを付けた水溶液同士が
接するとオルゴールが鳴る。

Q 様々な教科でＳＤＧｓが取り上げられていますが，理科ではどのように扱えばよいでしょうか。持続可能な社会をつくるために一人一人がどのように行動すべきか，中学生にどこまで考えさせればよいでしょうか。

A SDGｓとは，2015 年 9 月に国際連盟で開かれたサミットの中で決定された「持続可能な開発目標」（Sustainable Development Goals）の略であり，17 の目標が掲げられています。この開発目標は，2030 年の達成に向けて全世界が協力して取り組まねばならない国際社会共通の目標で，課題解決のためにはたくさんの科学技術が必要となります。この 17 の目標を自分事として生徒が考えられるようにするためには，3 年間の様々な学習内容と関連付けながら指導することが必要不可欠となり

ます。最終的には一人一人が社会をつくる一員として課題を発見し，どのように解決できるか方法を考えられるようになってほしい。そのためにも，3 年間の理科の学習の中で教師はたくさんの"種"を撒かねばなりません。どんな課題があり，どんなことが世界で起きていて，そのためにどんな技術が応用されているのか，少し意識を向けさせるだけでも，今後の生き方につながっていくはずです。また，教科横断的な指導も効果的となるため，他教科での扱いについて教師が知っておくことも大切です。

理科の学習と関連付けて指導しやすい項目

当たり前に消費しているエネルギー。電磁誘導（2 年）や化学電池（3 年）の学習で，実験によって電気エネルギーを取り出すが「1 日に必要な電気をこのシステムだけでつくるなら」と実験をもとに想像するだけでも生徒の気づきにつながる。

ゴミと資源について，物質の分類（1 年）と関連させることで「物質を性質によって分ける意義」が日常生活でも活かされる。分類することで資源として再利用できること，主要なプラスチックの名称とリサイクルマークなどは生徒に関心を持たせ，日常と関連付けやすい。生分解性プラスチックを実験で作り環境負荷について考えるのもよい。

気象（2 年）では，単元の最後に自然災害について扱う。なぜ異常気象と深刻な自然災害の関係から，気候変動に対する具体的な解決策を考えさせることで，生徒の理解も深まり，実感をもたせることができる。

生物の分類（1 年）では，共通性と多様性について扱う。生物の多様性について知り，その生物の生息する環境がどのような状況にあるかを知るだけでもこの目標に対する生徒の意識も変わり，2 年・3 年の学習につながりをもたせることができる。生物の進化（3 年）や環境（3 年）では，環境と多様化の関連について更に理解を深め，保全の意義についても具体的に考えさせたい。

4章

安全に実験を行うために

理科室の安全な管理

43 安全な観察・実験を行う ための考え方と注意

理科の授業には，観察・実験や自然体験，科学的な体験の一層の充実が求められている。しかし，近年の学校事故の防止に対する危機意識の高まりの影響か，事故の発生を心配するあまり，観察・実験を行わず，図示や説明に終始し電子黒板などの視聴覚機器を使った動画を視聴させて観察・実
験に置き換える場合があると聞く。それでは，確かな学力は身に付かない。むしろ，あえて積極的に観察・実験を行うことを通して，安全な方法を体得し，危険を認識し回避する力を養うべきである。

❶ 安全な観察・実験の第一条件

生徒に第一の条件として認識させなくてはならないのは，観察・実験活動中にふざけて事故を起こすことのないよう教師の指示に従うことである。

教師は，まずは事故の防止について，指導計画などの検討を行う。生徒の実験の技能の習熟度を掌握し，予備実験を通して，無理のないような観察・実験を選ぶことや，学習の目標や内容に照らして効果的で，安全性の高い観察・実験の方法を選ぶことが大切である。その上で，以下のようなことに留意したい。

❷ 安全な観察・実験を行うための注意事項

（1）普段から備えておく万一の事態

環境整備を進め，観察・実験器具を利用しやすくすると，それが安全につながる。観察・実験器具は，整備点検を日頃から心掛け，危険防止の観点から改めて見直しておく。また，思いがけない生徒の怪我に備えて救急箱を用意したり，防火対策として消火器や水を入れたバケツを用意したりする。さらに，万一の事態に備え，負

120

傷者に対する応急処置や医師との連絡，他の生徒に対する指導など，組織的に対応することを心得ておく。なお，事故発生時には保護者への連絡を忘れてはならない。

（2）必ず行う予備実験・事前調査

実際に観察・実験を行う際には，予備実験を行い，危険要素の検討をした上で，点検と安全指導を確認しておく。グループで実験する場合は，幾つかのグループが同時に実験することを想定し，その際の危険要素を検討しておく。また，集団で野外観察を行う際には，多くの生徒が散開して行動することを予見して事前調査を行い，危険要素の検討をしておく。

（3）徹底した安全な理科室のルールづくり

理科室でのルールづくりは，授業を通して生徒に徹底させる。例えば，机上は整頓して操作を行うこと，終了時には，使用した器具類に薬品が残っていないようにきれいに洗って元の場所へ返却し，最後に手を洗うこと，余った薬品を返却すること，試験管やビーカーを割ってしまったときには教師に報告し，ガラスの破片などをきれいに片付けること，保護眼鏡を着用することなど，観察・実験の基本的な態度を身に付けさせる。

（4）薬品・器具などの整備や整理・整頓

薬品や器具の整備，整理及び整頓は，組織と計画が基本である。特に薬品の扱いについては，その薬品が持つ性質，特に爆発性，引火性，毒性などの危険の有無を教科書や指導書，SDS（安全データシート，**48** 参照）で調べた上で取り扱う。授業での薬品の使用に応じて，薬品の購入，薬品庫の鍵の保管，薬品の点検，使用済みの薬品の廃棄などに関し，関係する複数の教師が管理的に組織として関わるようにする。盗難や紛失防止などの観点から，鍵の管理を徹底する。それだけでなく，薬品管理簿を通して薬品の保管量などを常時把握することが重要である。

（5）廃棄物の処理

実験で使用した薬品は必ず回収するということを，理科室のマナーとして徹底させたい。使用した薬品が廃棄物として処理されるのだと知ることは，生徒に環境への影響を考えさせる絶好の機会である。さらに，資源の有効利用や環境保全の大切さという観点からも，生徒にとって有効な学習となる。

44 理科室の危機管理

❶ 理科教育の専門職としての危機管理

指導者は常に全体を見るよう努めなければならない。学習目的や実験のねらいに合わせて授業を進行させていくと同時に，生徒の学習活動と，実験の進行との全体にわたって安全の立場から絶えず気を配り，意を用い続けなければならない。授業中，危険を予想されるわずかな要素も見落とすことなく，適切な事故防止の手立てを講じていくことが望まれる。

❷ 危機管理の基本〜 予備実験・事前調査

例えば塩化銅の電気分解の実験で，教師が実験による危険を予測し，「有害な気体を吸ってしまうといけないので，発生した気体のにおいをかぐときは大量に吸わないようにしましょう」と生徒に注意して，部屋の換気をよくすることは当然やっているだろう。これは労働安全の世界で，KY（危険予知）といわれている一連のトレーニングや現場での活動に似ている。理科室におけるKYは，次のような流れで行われる。

理科室における KY

① 具体的な場面でどのような危険が潜んでいるかを考える。

　（例）気体を大量に吸うと気分が悪くなる。

② 危険の原因となる問題点をつかむ。

　（例）有害な塩素を大量に吸った。

③ 問題点に対して解決策を検討する。

　（例）気体を大量に吸わないように注意したり，部屋の換気をしたりする。

もっとも，生徒自身が実験などで潜んでいる危険をすべてきちんと見つけ出させることは難しい。しかし教師の側では，生徒実験の時はもちろん，休み時間，夏休

みなどの長期休業中，準備室で実験の準備中など常に様々な場面でＫＹをしておき，考えられる危険を洗い出し，そして対策を立てておきたい。

❸ ヒヤリ・ハット

怪我をさせてしまうような事故の経験はなくとも，危うく火傷や感電をしそうになった，もう少しでガラス器具を割るところだったというような，ヒヤリ，ハッとした体験なら何度かしているのではないだろうか。このような事例を「ヒヤリ・ハット」という。労働災害における経験則の一つに

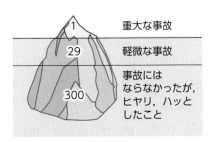

図1 一つの重大な事故の背景

「ハインリッヒの法則」がある。「1件の死亡者や重傷者が出た重大な事故が発生する背景に，29件の軽微な事故と300件のヒヤリ・ハットがある」というものである（図1）。これは，ヒヤリ・ハットの段階で事故防止のための適切な対処をすることで，大きな事故が防げる可能性が高いことを示唆している。ぜひ，ヒヤリ・ハット体験をしたときは，原因となったものをしっかり見極めて対策を講じておこう。それは，意外に有効な危機管理である。

❹ 管理だけでなく生徒の学びを

そもそも学校で行われる理科の観察・実験は，教科書や実験書通りに正しく操作すれば安全なはずである。しかし，いろいろな薬品を扱い，ガラス器具を使い，熱源，電源などが使われる。見方によっては極めて危険な要素に満たされた中で，学習が展開される。扱い方を誤れば，火傷，負傷，中毒など事故の可能性がある。このような理科の観察・実験での事故を防ぐには，教師の側で事故が起こりにくい仕組みを考えて実験させることと，生徒の安全行動能力を高めるために繰り返すことが要点である。生徒が学習を進める中で，自らいろいろな条件を考え合わせ，安全に学習し，転じては安全に生活していくことのできる能力や態度を身に付けさせていきたい。理科の授業で，まず大切にしたいことは，安全を確保しながら，観察・実験に積極的に取り組む生徒を育てることである。

45 理科室の安全な管理

安全のため整備しておくもの

　危機管理という点では，日頃からＫＹ（危険予知）やヒヤリ・ハットに注意しておくという意識的な部分だけではなく，備品・設備の整備も重要である。安全のために必要な備品・設備や掲示についてまとめる。

❶ 共通して必要な備品・設備

　具体的に用意できる設備・備品類は各学校によって異なることもあるが，共通して次のようなものが必要であろう。

（1）実験を安全に行うための道具や設備

　保護眼鏡，白衣，耐熱手袋など。可能ならば，白衣は一人一着生徒に購入させる。実験に対する意識の向上も期待できる。理科室でも応急手当ができるように，救急箱を用意しておく（定期的に中身を確認しておく）。洗眼場所も用意する。

（2）消火のための道具

　各机には濡れ雑巾を用意する。消火器はもちろん，水の入ったバケツを用意しておくとよい。また，バケツに入れた消火砂も用意しておきたい。アルミ紛，マグネシウムなどの金属火災，消火器では消火不可能な危険物に対して用いられる。危険物類の流出対策用ともなる。さらに防火用毛布もあると，いざというときに便利である。

（3）「安全規則」の掲示

　理科室の壁の目立つ場所に，理科室を利用する上での「安全規則」（図１）を掲示する。年度初めの実験で，まずこの規則を確認する。さらに，安全のための備品が理科室のどこに置いてあるか，実験室の座席表に記入して生徒に周知させておくとよい。

実験室での安全規則
1．実験室での飲食を禁止する。
2．実験室および化学物質を扱う場所では，常に適切な保護具を着用して目を保護する。
3．絶対的な安全が確保されていない限り，実験を放置して実験を行っている場所から離れないようにする。
4．実験室での単独作業および教師の了解のない作業を禁止する。
5．化学物質の廃棄は「有害廃棄物取扱いの手引き」に従う。
6．全作業領域で整理整頓・清掃を行う。
以上

図１「安全規則」の例

（4）外部との連絡用の設備

　校内電話，防犯ブザーなど，緊急時に職員室などへ応援を求められるようにしておきたい。その近くに緊急連絡先のリストを掲示しておくとよい。

② あったらよい備品・設備

　有害な気体を取り扱うときのためのドラフトチャンバー（局所排気装置），薬品が衣類や体に付着した場合に応急処置として水でそれらを洗い流すための緊急シャワーもあるとよい。これらは，高校の化学実験室に設置されていることが多い（図2）。ガスや電気には，一括停止のできるマスタースイッチがあるとよい。

図2　ドラフトチャンバー（左）と
　　　緊急シャワー（右）

③ 定期的な点検を

　立派な設備やルールがあっても，それがきちんと活用され，いつでも使える状態になっていなければ無意味である。安全チェックシートを作成し，定期的に点検することも忘れてはならない。点検は年間予定に入れておくと忘れにくい。そして，点検時に異常があれば即座に対応すべきである。チェック項目の一例を表1に示す。

表1　安全チェック項目の例

安全チェック項目
□　整理整頓はされているか。
□　危険な薬品や刃物類，不要なものが出しっぱなしになっていないか。
□　教師のいないときには準備室は施錠されているか。
□　電源やガスなどの安全装置は作動するか。
□　消火器などは異常がないか。
□　理科室からの校内電話は使えるか。
□　薬品庫は施錠され，危険物の分類表示が正しくされているか。
□　薬品は飛散・流出・転倒が起こらないように保管されているか。
□　薬品の帳簿はきちんと記入され，実際の残量と一致しているか。
□　不要な物品，薬品や廃液は正しい方法で廃棄されているか。

46 緊急時の対応

理科室の危機管理意識を持ち，安全のために様々な道具を整備している。しかし，それでも理科室で事故が起きている。例を挙げると，硫化水素が発生する実験で気分が悪くなった生徒が搬送されたことが報道されている。日本スポーツ振興センターの統計[1]によると，平成30年度に，中学校理科授業において全国で1038件の事故が発生していることが分かる（表1）。これらの事故全てが理科室で起きているわけではないが，理科室で事故が起きたときの対応を理解しておく必要がある。事故が起きたときは，落ち着いて事故の内容・程度を把握し，適切に対処したい。

表1 中学校理科授業の事故件数

事故内容	発生件数
熱傷	339
挫傷・打撲	190
異物の嚥下・迷入	115
挫創・切創・刺創	102
食中毒以外の中毒	45
その他	247

❶ 軽度の怪我などの応急処置

（1）火傷の場合

基本は冷水で15分以上冷やす。水ぶくれがある場合は破らないよう気を付ける。皮膚の表面が黒く焼けている場合は，消毒した布で覆ってから冷水で冷やす。いずれも，皮膚がはがれてしまうので衣服は脱がしてはいけない。冷やしている間に，保健室に連絡する。

（2）有毒なガスを吸ってしまった場合

直ちに空気の新鮮な場所に移動させて，楽に呼吸ができるようにする。その後，保健室に連絡する。

（3）薬品が皮膚に付いた・目に入った場合

皮膚に付いた場合は，まず十分に水洗いする。その後，酸なら10％炭酸水素ナトリウム水溶液で，アルカリなら2％程度の酢酸水溶液で中和する。目に入った場

合は，できるだけ早く多量の水道水で 20 分以上洗い続ける。その後，保健室に連絡し，必ず眼科医の診察を受けさせる。

まぶたを開いたままにして，水が行き渡るようにする。

（4）薬品などを誤飲した場合

　誤飲した物質によって，早く吐き出させたほうがよい場合と，逆に吐き出させてはいけない場合がある。まず何をどの程度飲み込んだかを把握する。強酸や強アルカリ，石油製品などを飲み込んだ場合，意識がないときや痙攣を起こしているときは，吐き出させてはいけない。酸は薄い重曹水，アルカリは食酢などを飲んで中和する。その後，飲んだもの（容器や説明書）を保健室に持参し，適切な処置を講じる。

強酸・強アルカリは胃壁を損傷するので吐き出さず，中和する。

図1　緊急時の対応

2　火災事故の対処法

（1）ノートやプリントが燃えたとき

　近くにある燃えやすいものを取り除き，大量の水をかけて消す。濡れ雑巾や砂をかけるのも有効である。もちろん，消火器も使える。

（2）衣服に火がついたとき

　火がついた部分にすぐに水をかけて消す。屋外などで水がない場合は，地面に倒れ，燃えている部分を地面に押し付けて左右に 2 ～ 3 回転がり，消火する方法もある。慌てて走り回ったり手ではたいたりすると，かえって火が燃え広がってしまう。

3　おわりに

　事故が発生した際は，その対処やほかの生徒に対する指導など，全てを授業者一人で対応するのが難しいこともある。保健室，救急病院や関係諸機関，校長及び教職員の連絡網と連絡方法が示された緊急連絡先のリストを作成し，職員室にも置いて全教職員に周知しておく。本稿の対処に加えて，保護者への連絡も必ず行う。

1）"学校の管理下の災害【令和元年版】" 帳票9，日本スポーツ振興センター，2019-11
　　https://www.jpnsport.go.jp/anzen/kankobutuichiran/tabid/1928/Default.aspx
　　（参照 2020-12-20）

4章
安全に実験を行うために

理科室の安全な管理

理科室のきまり

　理科の授業は，やはり理科室で行いたい。理科室での授業は，教室で行う授業と比べて遥かに魅力的である。反面，理科室には危険も潜んでいる。きまりをつくり，教師・生徒間で共有することで，理科室での学びはより深いものとなる。本稿では，理科室のきまりについて紹介する。

❶ 理科室・理科準備室の管理

　理科室・理科準備室には，様々な観察・実験器具や薬品があるので，通常施錠しておく。理科室の机は，危険な器具，薬品などを出したままにしておかないことが原則である（図1）。

　また，理科準備室は基本的に教師の部屋である。指導は理科室で行い，準備室には生徒が立ち入ることがないようにしたい。図2のように，立ち入り禁止の表示をすることも一つの方法である。教師が休み時間に職員室へ戻ったり，トイレに行ったりすることもある。その際少なくとも準備室の扉には施錠する。

器具や薬品などは
出したままにせず
速やかに片付ける。

図1　理科室の机の状態

図2　理科準備室と立ち入り禁止の表示

❷ 理科室での授業時のきまり

授業規律を高め，安全に学習するために，年度はじめの授業で確認する。実際に指導する際に確認するきまりは，以下の通りである。

理科室のきまり

① 理科室では走ったり，ふざけたりしない。

② 話している人に体を向けて，私語をせず話に耳を傾ける。

③ 教師の指示が出るまで，観察・実験器具や材料に触れない。

④ 化学実験などの際には椅子を机の下にしまい，立って行う。必要な実験プリントや筆記用具以外のものも，机の下などにしまう。

⑤ 必要に応じて，フェイスシールドや保護眼鏡を着用する。（※1）

⑥ 観察・実験は，グループで協力して行う。役割分担するときは，人任せにしない。（※2）

⑦ 指示されていない方法で実験をしない。試したい方法があるときは教師に相談する。

⑧ 事故が起きたら，すぐに教師に知らせる。火が出た，液がはねて付いた，ガラス器具を割った，気体を吸って気分が悪くなった等，細かいことでもすぐに報告する。

⑨ 使用した薬品は，流しに直接捨てず回収をする。（※3）

⑩ 試験管やビーカーはきちんと洗って流す。試験管立て，乾燥棚などに逆さにして返却する。（※4）

※1 少し割高であるが，フェイスシールドは肌に触れず抵抗なく着けられる利点がある。また頬や口などへの飛びはねも防止できる。交換用シールドのみでも販売されている。
※2 教師が役割分担を指定する方法もある。
※3 危険のない薬品でも回収するようにして，自然環境への配慮を意識付ける。
※4 油などで汚れたビーカーと，一度丁寧に洗ってみせた綺麗なビーカーで，水洗したときの表面の様子の違い見せておくとよい（汚れていると水がはじかれる）。また，時間内に片付けが終わりそうもないときは，机だけは拭かせて，器具洗いなどは昼休みか放課後に行わせてもよい。

4章
安全に実験を行うために

❸ きまりは生徒の安全・学びを保証するためにある

理科室のきまりは生徒の活動を制限することが目的ではない。きまりを徹底することで授業規律が高まり，生徒は安心して授業に臨むことができるようになる。

きまりは，年度はじめに一度言って定着するものではない。その都度，繰り返し確認し，きまりの背景を説明しながら習慣化していく必要がある。特に重要な安全に関わるきまりを抜粋して掲示するのも一つの手立てとなる（ 45 参照）。

48 理科室の安全な管理

薬品の管理

❶ 薬品の管理と法規制

　安全に管理，取り扱いができるように，また，環境への影響を防ぐため，化学物質は多くの法令で規制されている。この化学物質管理に関する規制は国内だけでなく，国際的にも規制がされている。学校で扱う薬品の量は工場などに比べると少ない。そのため法的な規制外だと感じられるかもしれない。しかし，中学校理科の実験で使われる薬品類のほとんどは，「医薬用外薬品」の「試薬」に分類されていて，その管理や取り扱いは「毒物及び劇物取締法」や「消防法」に基づく。安全とコンプライアンス（法令順守）のためにも，正しい薬品管理を行いたい。

❷ 管理体制の徹底

（1）帳簿を作って厳重に管理する

　薬品の保管については，図１のような「薬品管理簿」を作成して，常に在庫量を把握できるようにしておく。これは火災や盗難の防止に役立つだけでなく，使いたいときになって初めて薬品がないことに気付いたり，すでにある薬品を注文してしまったりすることを防ぐことにもつながる。薬品の購入・使用・廃棄のときには，必ず薬品管理簿に記録する。

　薬品を購入する際は，薬品の変質や管理上のリスクを考え，不必要に大量購入することは避けたい。薬品が納入され，薬品管理簿に記入する際に，試薬瓶ごとの質量を計測しておくと，使用後の試薬瓶の質量を計測することで使用量が分かり，便利である。また，試薬瓶には，図２のように購入年月日や保管場所を記載したラベルを貼っておくと便利である。

　薬品管理簿は，試薬瓶１本に対して，１枚作成することが望ましい。同じ薬品が複数本ある場合には，ナンバリングし，薬品管理簿と試薬瓶のラベルに記載された番号を対応させて管理する。

図1 薬品管理簿の例（写真は毒物・劇物の場合）

		品 名	塩化銅Ⅱ ②	規格		%
毒・劇		最大保管量				
年月日	受入量	使用量	在庫量	使用者	責任者	備 考
30・9・5	391.8		291.8			
30・10・16		86.0	305.8			
・11・12		11.0	294.8			
31・3・14		85.3	209.5			
・5・9		17.6	191.9			

図2 試薬瓶の表（左）と裏（右）　表には購入年月，裏には保管場所と未開封時の質量を記入したラベルを貼っている。

（2）薬品リストの作成

　薬品保管庫が複数ある場合は，薬品管理簿とは別に，「薬品リスト」を作成しておくと便利である。試薬名の他に，保管庫の番号，在庫数，劇物毒物指定等の特性を記載する。保管されている試薬を一覧で見ることができ，薬品を探す際に便利である。薬品リストは薬品庫付近に管理しておくと使いやすい。

図3 薬品リストの例

❸ 薬品の特性を知る

　薬品の安全な取り扱いや保管・管理を行うには，その特性を知ることが大切である。薬品のラベル表示や特性を記載したデータシートについて確認しておきたい。

（1）GHS

　GHS（Globally Harmonized System of Classification and Labelling of Chemicals，化学品の分類および表示に関する世界調和システム）により，薬品などの危険有害性の分類基準と表示方法は国際的に統一されている。試薬瓶のラベルには図4のような表示が記載されていて，基本的な特性を知ることができる。

| 急性毒性（高毒性） | 急性毒性（低毒性）・皮膚刺激性など | 呼吸器感作性・発がん性など | 皮膚腐食性・刺激性など | 水生環境有害性 |

| 引火性液体・可燃性固体など | 酸化性液体・固体など | 火薬類・有機過酸化物など | 高圧ガス |

図4 GHS による絵表示

（2）SDS

　薬品を購入すると，業者から SDS（Safety Data Sheet，安全データシート）が提供される。ＳＤＳには，物理的・化学的性質や有害性情報のほか，取り扱い及び保管の注意，飲み込んだり吸入してしまったりしたときの応急措置なども記載されている。これらをファイルして，いつでも見られるようにしておく。

　SDS は日本試薬協会の SDS 検索や，和光純薬が運営する siyaku.com で調べることも可能である。

図5 SDS のファイル管理

❹ 特に注意を要する薬品の特性

（1）毒物・劇物

　化学物質が持つ生物学的作用（主に急性毒性）に着目し，毒性の強い順に「特定毒物」，「毒物」，「劇物」に分類されている。一般的な体格の大人が誤飲した場合の致死量が約3g以下の物質を毒物，約3g～18gのもの，または人体に強い刺激性（皮膚腐食，粘膜損傷）のある物質を劇物と指定している。

（2）危険物

　消防法で規定されている危険物は，火災や爆発の危険性の高い薬品で，その特徴から第1類～第6類に分かれる。表1に中学校で用いる薬品の例を挙げる。

表1 中学校理科で使用する薬品（危険物）の例

分類	特性	中学校で用いる薬品の例
第1類	酸化性固体	硝酸カリウム，過マンガン酸カリウム
第2類	可燃性固体	鉄粉，アルミニウム粉，亜鉛粉，マグネシウム，硫黄
第3類	自然発火性物質及び禁水性物質	金属ナトリウム
第4類	引火性液体	エタノール，メタノール，アセトン
第5類	自己反応性物質	
第6類	酸化性液体	過酸化水素，硝酸

（3）変質しやすい薬品

　変質しやすい薬品は，表2のように保管場所や容器に留意して適切に管理する。

表2 変質しやすい薬品と管理方法の例

	特性と管理方法	薬品
光変性	日光などの光によって変質する。遮光性の着色瓶に入れたり，黒い袋などで包んだりして保管する。	ヨウ素液，BTB液
潮解性	空気中の水を取り込んで薬品が水溶液になる。気密容器に入れ，容器内外の気体等の出入りを遮断する。デシケーターに保存する場合もある。	水酸化ナトリウム，塩化コバルト（Ⅱ）
容器腐食性	容器が薬品によって腐食する。小分けにする際，アンモニア水や水酸化ナトリウム水溶液はガラスを侵すので，ポリエチレンなどの容器を用いる。また，硫酸などの酸類はポリエチレンを侵すので，ガラスやテフロン製の容器を用いる。	アンモニア水，酸類など

49 理科室の安全な管理

常備する薬品

化学実験において，必要な薬品（水溶液）をその都度調製することは大変労力の
いる作業であり，実験を困難にする要因の一つである。また，小分けにした薬品容
器の数が，実験の前後で揃っていることを管理することも必要不可欠である。そこ
で，年度の初めに少しの準備をすることで，年間を通して簡易的に薬品を保管・管
理できる例を紹介する。

❶ 各グループ用の小分け容器を用意する

あらかじめ用意してもよい薬品は，調製し，グループの数に小分けして保存して
おくと便利である。小分けする際は，図１に示すような樹脂製のポリボトルや点眼
瓶に入れておくとよい。小分け容器には，グループの番号をナンバリングしておく
と，実験前後の管理にも役立つ。

小分け容器を入れる箱の下部には，ラミネートした番号表を貼って，実験後はそ
こに返却するように指導しておくと不足分の番号がすぐに分かり，便利である。ポ
リボトルは，使用頻度に応じた大きさを選ぶとよい。塩酸や水酸化ナトリウム水溶
液などの使用頻度の高い試薬は，50 mLのポリボトルに入れておくと便利である。

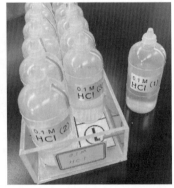

図１ 小分け容器と小分け容器を入れる箱

表1 調製して「小分け容器」に準備しておきたい薬品

名称	化学式	濃度		備考
		mol/L	%	
塩酸	HCl	0.1	0.3	劇物
硫酸	H_2SO_4	0.1	1	劇物
酢酸	CH_3COOH	0.1	0.5	危険物
水酸化ナトリウム水溶液	NaOH	0.1	3	危険物
アンモニア水	NH_3	0.1	0.2	冷蔵保存
エタノール	C_2H_5OH	−	−	原液
BTB 液	−	−	−	指示薬
フェノールフタレイン液	−	−	−	指示薬

② 「親瓶」の調製

　点眼瓶やポリボトルの中身が不足するたびに，試薬瓶の薬品から調製するのは非常に不便である。そこで，点眼瓶やポリボトルに入れる溶液の 10 倍から 100 倍の濃さの「親瓶」を調製しておくと便利である（図 2 左）。

　小分け容器の中身が少なくなったら，親瓶の液を希釈して調製すれば，すぐに用意することができる。親瓶は年度初めに調製して，小分け容器にすぐに補充できるようにしておくとよい。

　小分け容器に入れて余った液体は，図 2 右の写真のような容器に入れておけば少量になった際にすぐに点眼瓶やポリボトルに追加することができる。

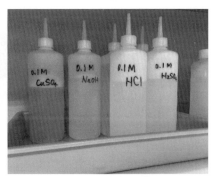

図2 「親瓶」の調製

4章

安全に実験を行うために

50 薬品の保管と廃棄処理

理科室の安全な管理

① 薬品の保管と廃棄

薬品庫は，準備室などの施錠のできる，普段は生徒が立ち入らない場所に設置する。また，直射日光を避け，火気厳禁とし，換気をよくしておく。

もし地震が起きても被害を最小限にするために，薬品戸棚や薬品庫を床や壁に金具で固定したり，仕切りのある薬品整理箱を用いて薬品の容器をその中に保管するなど，薬品の転倒や転落防止のための工夫をする。

薬品を薬品庫に保管する際は，それぞれの薬品の特性をもとに適切な方法で保管する。

(1) 毒物・劇物の管理

毒物や劇物の管理は特に注意を要する。ほかの薬品とは別に保管するために，「毒物」「劇物」のグループに分類する。ガラス製の保管庫はガラスが割られて中の薬品が持ち去られる危険性があるので避け，施錠できる堅固な専用の薬品庫に保管する。毒物，劇物の容器，さらに保管場所には，図1のように，毒物については赤地に白文字で「医薬用外毒物」，劇物については白地に赤文字で「医薬用外劇物」の文字を表示する必要がある。

医薬用外毒物
(赤地に白文字)

医薬用外劇物
(白地に赤文字)

図1 医薬用外毒物及び劇物の表示

(2) 危険物の管理

消防法で規定されている危険物は，第1類〜第6類の類（ 48 参照）によって扱い方が違うだけでなく，異なった類の危険物同士を接触・混合させると危険であるため，類ごとに別々にしておく。

（3）そのほかの薬品の管理

　各学校で使いやすい，整理しやすいよう分類の方法で管理すると便利である。例えば，「有機物と無機物」，「酸とアルカリ」，「塩化物，硝酸塩，炭酸塩などの陰イオンで分類する」などが考えられる。それぞれの分類別に試薬瓶用のコンテナに収めて管理する。

図２　薬品整理箱

② 廃液の処理

　実験で出た廃液には，そのまま下水に流してはいけない物質が含まれていることがある。実験の片付けの際には，廃液を分別して回収することが大切である。

（1）廃液の分別

　基本的に①酸，②アルカリ，③重金属，④有機溶媒に分けて回収する。

　重金属などの有害物質が含まれない酸，アルカリの水溶液は，ｐＨが６〜８程度になるように試験紙なども用いて確かめながら中和し，多量の水で希釈して流すことができる。

　密度が４ g/cm^3 以上の金属を重金属といい，環境負荷が大きいため，下水に流してはいけない物質である。重金属は，蒸発乾固や沈殿等の処理も可能だが，専門の処理業者に委託するのがよい。有機溶媒も同様である。重金属や有機溶媒は，図３のように一時的に廃液タンクに入れて保管しておき，ある程度量がたまった段階で処理業者に依頼する。

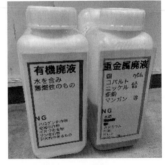

図３　廃液の一時保管

（2）実験への再利用

　結晶づくりに使ったミョウバンや硫酸銅の水溶液，電気分解に使った水酸化ナトリウム水溶液や塩化銅の使用液などは，次に同じ実験をするときに再利用できる。むやみに廃棄するのではなく，資源を有効に使う考え方が大切である。

51 事故につながりやすい 観察・実験（物理）

　物理分野の観察実験の「危険性」は中学生にとって分かりにくい。特に事故が多い「光」と「電気」の観察実験は目に見えない，もしくは見えにくいものが多いからである。そのため，事前に危険性を生徒に伝えにくく，実感を伴った「危険性」への認識が生徒・教師ともに甘くなりがちである。実験に際しては，必ず予備実験を行い，生徒に危険性についてよく説明した上で，触らせるものと触らせないものを明確に分けて実施する。

❶ レーザー光源

　教育用レーザー光源装置や，文具として販売されているレーザーポインターの光出力は 1 ～ 5 mW である。このクラスのレーザーであっても，長時間見つめたりすれば網膜熱傷を引き起こし，最悪の場合失明の危険がある。一般にこれらの障害は回復しない。

　最近では，高輝度な LED 光源を用いた光源装置が販売されており，生徒実験においてレーザー光源の必要性は低い。しかし，光が広がりにくく，遠くまで非常に高いエネルギー密度を保つことができるレーザー光源は，ダイナミックで明瞭な現象の再現が可能である。教師がレーザー光の当たる先に十分注意を払った上で，演示実験で使用するべきである。生徒には使用させず，教師が管理を徹底する。

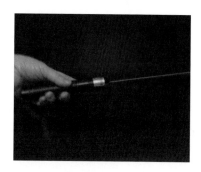

図1 レーザーポインターの光

（画像提供：
ナリカ）

図2 光源装置（LED）

❷ ショート回路

電源をショートすれば，大きな電流が流れ，回路となった部分には大きなジュール熱が発生する。時には金属をとかすほど発熱する。100 V の電源をコンセントから直接利用して行う実験は，実験時間の短縮につながることが多く，非常に便利である。しかし，例えば「電気パン」の実験中に，電極が動いて接触することがないように，電極部を固定するなど最大限の注意が必要である。

ショートの危険性は商用交流電源に限らない。乾電池を電源としたショート回路によって，火傷をするほどの高熱乾電池となる。

ショートを防ぐための乾電池の保管方法

- 金属の缶に保管せず，プラスチック等の絶縁体の容器に保管する。
- 硬貨や鍵など，金属類と一緒に保管しない。
- 湿度が高い場所で保管しない。
- 極同士が触れ合わないように保管する。
- 極部分を絶縁素材（セロハンテープやラップ）などで包む方法もある。

❸ 静電気

ローラーとゴムベルトをこすり合わせることで静電気を発生させる「バンデグラフ」の使用には，幾つかの注意が必要である。電気がたまっている金属球部分は不用意に触らず，金属製のものを近づけたりもしない。ペースメーカーを装着している生徒にとっては，わずかな感電でも死に至る。間違っても生徒に操作させてはならない。

たまった静電気を，手をつないだ生徒数名に対して一斉に感電させる「百人おどし」というものがある。バンデグラフの高電圧をライデンびんで蓄電したりすれば，たちまち人体に危険な範囲に及ぶ。バンデグラフによる「百人おどし」はやってはならない。

静電気の実験は，それが派手であればあるほど生徒は喜ぶ。生徒の笑顔見たさに実験をエスカレートしないような注意が絶対に必要である。

52 事故につながりやすい 観察・実験（化学）

　化学の実験で薬品を取り扱う際は，飛散した水溶液などが目に入る可能性があるので，安全眼鏡を着用する指導を徹底する。また，危険が予想される場合，プラスチック手袋の使用も考えたい。袖口を器具や試薬瓶に引っ掛けて倒したり，衣服に火がついて火傷をしたりするという事故を防ぐためにも，機能的な服装で実験に臨む指導を行う。実験に際しては，予備実験を必ず行い，手順や試薬量の安全性を確認した上で，生徒実験を実施するように心がける。

❶ 酸素の発生

　酸素を発生させる方法としては，二酸化マンガンに薄い過酸化水素水（オキシドール）を注ぐ方法が一般的である。過酸化水素が水と酸素に分解する単純な実験であるが，事故が多い。

（1）過酸化水素の濃度に注意する

　実験では３％過酸化水素水を用いる。市販されている約 30 ％の過酸化水素水を10倍に薄めて作る。保健室などで消毒用に使われているオキシドールの濃度も３％程度であり，これで十分な量の酸素が発生する。

　濃い過酸化水素水は，「医薬用外劇物」に指定されており，取り扱いには注意が必要である。皮膚に触れると，激しい痛みをともなう薬傷（白斑）を起こし，目に入ると失明の恐れがある。過酸化水素水を薄めるときは必ず純水を使う。これは，不純物が入ることで分解を促進することになるからである。また，薄めたものは，分解が進みやすいので，必ず実験前に必要量を調製するようにする。

（2）粉状の二酸化マンガンは使用厳禁

　二酸化マンガンを用いるときに注意したいのが，粒の大きさである。必ず数mm程度の粒状のものを用いる。

　粉状の二酸化マンガンは，粒状のものと比べて表面積が大きくなり，反応速度が

大きくなるため，激し過ぎる反応が起きてしまう。粉状の二酸化マンガンや濃い過酸化水素水を用いると，図1のように，激しい反応熱のために瞬時に過酸化水素水が沸騰し，容器から吹き上がったり，飛び散ったりすることになり，大変危険である。

図1　粉状の二酸化マンガンを
用いた酸素の発生実験

② 水素の発生

　塩酸に鉄や亜鉛などの金属を入れて，水素を発生させる。集まった気体が水素であることを確認するため，気体に点火する場面があるが，これまでに多くの重大な事故が報告されている。これらの事故の原因をしっかり理解することが重要である。

（1）事故の原因

　発生装置に直接火を近づけたことによる事故が最も典型的である。発生装置の容器内には，もともと入っていた空気が存在する。そのため，発生した気体は，酸素を含む空気と水素が混合した状態になっており，火を近づけると爆発する恐れがある。発生装置の容器がフラスコのように大きい場合，もし発生装置に火を近づけると，ガラス管の中を火が伝わり，密閉されたフラスコ内で爆発が起こる場合がある。口の大きさに比べて容積が大きく，爆発の規模も大きくなるため，ガラス破片が高速で飛び散り，顔に大けがをしたり，失明したりするなどの被害も報告されている。

（2）事故防止のポイント

　まず，発生装置の容器は必要最小限のものにして，フラスコではなく試験管を用いる。水素の発生を確認する際は，発生装置に直接火を近づけないこと，水素を発生装置とは別の試験管に集めてから点火することを徹底する。

　水素と酸素の混合気体に点火する実験を行う場合は，ガラスの容器は使用せず，ポリエチレン製の袋を用いる。マッチなどの使用は避けて，圧電素子を用いて点火する方法がよい。用いる水素と酸素の量は合わせて 100 mL 程度でよい。大音響とともに爆発し，生徒に与える効果は十分である。それ以上の大量の水素と酸素の

混合気体に点火すると危険を伴う上，大きな爆音により聴覚障害を起こす危険もあるので行わない。

❸ 硫黄と金属の化合

（1）硫黄と金属の反応

　硫黄の取り扱いには十分な注意を要する。硫黄は極めて燃えやすい固体で，360℃で発火する。また粉塵爆発の危険もある。燃えると呼吸器を刺激し，粘膜を侵す二酸化硫黄を生成する。硫黄と鉄粉を反応させて硫化鉄を生成させる実験では，光と熱を出す激しい反応が起こるため，薬品の量に気を付ける。用いる量は多くても鉄7g，硫黄4gほどにとどめる。また硫黄の量が多いと二酸化硫黄を生成することもあるので注意する。

（2）硫化鉄の確認

　生成した硫化鉄に薄い塩酸を加えて鉄との反応性の違いを調べるが，このとき有害な硫化水素を発生する。硫化水素は無色腐卵臭の有害な気体である。硫化水素が空気中に 0.06 % 含まれると中毒を起こし，0.2 % で即死すると言われている。そのことに留意した上で，十分な換気をして実験を行う。また，発生を必要最小限にとどめるため，生じた硫化鉄の少量をピンセットで取って別の試験管に入れた薄い塩酸に入れるか，硫化鉄の少量をペトリ皿に移して1，2滴の薄い塩酸を点眼瓶で加えるようにする。生成した硫化鉄に駒込ピペットなどで直接塩酸をかけると，多量の硫化水素が発生して危険である。硫化水素の発生実験は全てのグループで同時に行い，硫化水素の発生確認後，直ちに反応させた容器を回収し，多量の水に入れて反応を止めるようにする（硫化水素は水に溶けやすい）。

❹ マグネシウムの燃焼

　マグネシウムは，消防法で危険物第2類(可燃性固体)に分類されている。空気中で点火すると酸素と反応して高温になり，まぶしいほどの閃光を放つ。この閃光は，目を傷める恐れのある光を含んでおり，生徒がじっと見つめることがないように指導する。マグネシウム粉末を用いる場合，燃焼中に粉末をかき混ぜないように指導する。こぼれたマグネシウム粉末が爆発する危険があるので取り扱いには十分

に注意を要する。マグネシウムの燃焼では大気中の窒素とも反応し，茶褐色の窒化マグネシウム（Mg_3N_2）を生じる。窒化マグネシウムと水が反応するとアンモニアが発生するので，ステンレス皿を水洗いさせる際は，生じたアンモニアを吸い込まないように注意を促しておく。

5 有機溶媒の取り扱い

　有機溶媒は，溶解度の違いや密度の違いから，様々な応用的な実験を可能にする。しかし，有機溶媒には人体に有害なものも多い。吸入量が多いと，意識障害や生殖障害，成長阻害などを生じる。また有機溶媒が体内に入ると，水に溶解しないため体内に残ってしまい，生体濃縮を起こす。成長期にある中学生にとっては，重大な被害となる。有機溶媒を使用する際は，ＳＤＳ（安全データシート）を参照し，特性を理解した上で実験をするとともに，十分な換気，加熱などに注意する必要がある。

（1）エタノール

　エタノールは，実験でよく使われる物質であるが，引火性や吸引による中毒もあることから注意が必要である。エタノールは消防法の危険物第4類に分類される。エタノールをビーカーなどの開放されている容器で直接加熱すると，気化したエタノールに引火するため危険である。エタノールを温める際は，直接加熱せず，湯浴で加熱をする。また蒸留の実験などでエタノールを集める際には，気体誘導管を使い，蒸気が外に漏れないようにすることも必要である。

（2）メタノール

　酒税がかからないため，エタノールより安価で購入できるが，毒性も強い。エタノールを混合していないメタノールは「医薬用外劇物」に指定されている。蒸気を吸うと，粘膜の刺激と軽い麻酔作用がある。メタノールを飲用してしまった場合には，網膜でギ酸が作られ，視覚機能障害と中枢神経の障害につながる。またエタノールよりも揮発性が高く，メタノールの入った容器に直接火にかけると爆発する。

（3）アセトン

　除光液などにも使われる有機溶媒である。吸引すると，頭痛や気管支炎などを引き起こし，大量だと意識を失うこともある。

4章

安全に実験を行うために

53 事故につながりやすい観察・実験（生物）

思わぬ事故につながりやすい観察・実験

生物分野の観察・実験でも，考えておかなければならない危険が幾つかあり，思わぬ事故につながる場合がある。様々なケースを想定して余裕をもって準備し，生徒に具体的な指示をすることで，その危険は回避できる。

❶ 顕微鏡観察に伴う危険と留意点

顕微鏡を使った観察にも幾つかの危険がある。実験・観察の方法を説明するときに，生徒に留意する点を確実に伝え，生徒自身に危険を認識させよう。怪我を回避するための工夫を，観察前に生徒に考えさせてもよい。

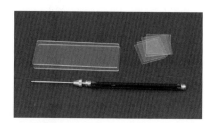

図1 怪我に注意したい器具

> **顕微鏡観察で考えられる危険**
>
> - 反射鏡から日光が直接入ることによる失明の危機
> - スライドガラスやカバーガラスで手を切ったり，割れたかけらが目に入ったりするなどの危険
> - プレパラートを作成するとき，柄付き針で手や目を刺したり，カミソリで手を切ったりする危険

❷ 屋外におけるの自然観察時の注意

身近な自然の観察など動植物の観察を行う際には，思ってもみない場所で，生徒の皮膚がかぶれたり刺されたりする場合がある。観察に出かける前に，十分な注意を喚起したい。校外で観察する学習を実施する場合は，注意する場所はないかを必ず事前に確認する。

屋外の観察で考えられる危険

- サクラやツバキ，サザンカなどの樹木に，触ったら皮膚がかぶれる動物（チャドクガの幼虫など）がいる危険

- ハチの巣が観察場所の近くにあり，観察中に突然襲われる危険

チャドクガの幼虫　　スズメバチ

③ 細菌などの感染に伴う衛生面の注意

動植物や土壌中には，人に有害な細菌やウイルス，寄生虫などがいる場合がある。生物を扱う観察・実験を行う場合には，使い捨てのプラスチック手袋を着用させる。また，観察・実験後には石鹸でよく手を洗うように指導する。動物の解剖や土壌中の分解者を調べる実験後の手指の消毒，アルコールや加熱による殺菌処理など，対策の重要性を生徒に伝える。土壌中の菌類・細菌類を培養した培地は，必ず煮沸・滅菌処理してから廃棄する。

図2 土壌中の分解者を調べる実験

④ 飼育する動物に伴う危険と留意点

理科室で動物を飼育することは生徒の興味・関心を引き出す上で大変に有効であるが，危険についてもよく認識し，事故を未然に防止しなければならない。

動物の顔の前に自分の手や顔を近づけない。動物を触った手で目をこすったり，その手を口に入れたりするのは厳禁であることを，飼育に関わる生徒だけではなく，理科室に出入りする生徒全員に伝達しておく。

飼育動物について考えられる危険

- ハムスターなどのげっ歯類，カメなどが手を噛む危険

- 皮膚に毒腺をもっているイモリ，カエルなどの両生類を扱う際の危険

- 飼育動物が逃げ出す危険

ハムスターの歯

ヒキガエルの毒腺

54

思わぬ事故につながりやすい観察・実験

事故につながりやすい
観察・実験（地学）

　地学分野では，理科室と野外実習を伴う授業の場面がある。事前に立てた計画を複数の教師で検討し，予備実験や実地踏査を行い，指導計画を作成することが重要である。授業時数や安全指導の面で工夫をし，生徒と教師に配慮した観察・実験に，指導者が積極的に取り組まれることを望む。

❶ 野外観察

（1）野外観察の意義

　野外観察の意義は，岩石と路頭などの地層の様子を直接観察できることである。また，層理の植物の有無や周囲の樹木の様子などについて多くの情報を集め，関連付けて新しい疑問が生まれるなど，探究的な学習を促すことができる。

（2）無理のない行程や安全指導に配慮した内容

　宿泊行事，校外学習での見学や行程の中で，野外観察に適した場所があれば計画する。そこで，野外観察と他の活動や移動などの時間配分を検討し，無理のない行程を計画する。

図1 校外学習の様子

　周囲の多くの情報や開放的な気持ちで，生徒の集中が続かないことが想定される。事前指導の内容とその場での指導が徹底できず，最悪の場合は事故を招く恐れもある。そこで，教師による事前の実地踏査（下見）を必ず実施し，綿密な計画を立てる。その際には，ティームティーチングや少人数学習を取り入れるなどの工夫を行う。

（3）実地踏査のポイント

　実地踏査は，観察地までの移動経路や観察地の危険箇所をチェックしながら行う。草に覆われていたり，樹木が落葉するなど，季節ごとに動植物の様子は変化する。

また，気象災害などで道路や崖の様子が変わることがある。そこで，観察地に近い自治体の環境課や公園管理事務所，NPO法人などに訪問の予定を伝え，様々な場面を想定しての情報を聞き取り，対応を一覧としてまとめておく。

表1 実地踏査チェック項目の例

対象	項目
動物	☐ スズメバチ，キアシナガバチの巣はないか。
	☐ マムシ，ヤマカガシが潜む水辺や草むらが近くにないか。
	☐ ドクガ，イラガなどが樹木にいないか。
	☐ マダニの発生情報はないか。
植物	☐ ウルシ，ツタウルシは生えていないか。
	☐ アザミなどの棘がある植物はないか。
	☐ 草の背丈が高く見通せない場所がないか。
	☐ 倒木で道路がふさがれていないか。
その他	☐ 大雨の後は滑りやすくなっていないか。
	☐ 周囲の崖が崩れやすくなっていないか。

表2 自治体や公園管理事務所などに問い合わせる内容

想定される場面	問い合わせる具体的な内容
事故発生	救急車，タクシー会社の電話番号
診察を受ける病院	所在地，連絡先，診療時間
川原での雷雨や大雨	上流のダムの放流のサイレンの有無
海岸や磯での地震	津波避難タワーの有無，近くの高台の場所と経路

（4）野外観察の服装

　自然の中で行動することを前提に，服装（長袖・長ズボン），滑りにくいシューズ，行動しやすいリュックなどを用意する。

　基本的に作業用手袋を着用させる。特に，岩石を扱う場合は必ず着用させる。

　なお，教師がハンマーで岩石をたたく場合は，安全眼鏡をして，柄を握る側の手は手袋を外すようにする。また，近くに人

図2 野外観察の服装と持ち物

がいないことを確認して行う。

（5）通学路や身の回りの岩石の観察

　ビルの壁や民家の塀に建築材料として使われているものの観察をする。その際，通行者への配慮，交通事故，私有地の立ち入りなどには注意が必要である。

　落石するような場所は観察に適さないので，学区域を事前に調べておくとよい。

（6）川原での観察は天気の様子に注意

　川原での観察でもっとも注意しなければならないことは雨・台風による急な増水である。場合によっては中州に取り残され，大惨事にもつながりかねない。観察の前日から直前に豪雨があった場合は中止にする。また，上流にダムがある場合は，放水する場合がある。放送で告知されたりサイレンが鳴ったりするので，速やかに安全な場所に避難する。

（7）海岸の観察は高波，津波に注意

　海岸では，台風による高波や，地震による津波に注意が必要である。

　特に，地震があったら津波を警戒する。突然海の水が引き始めたら，津波の前兆の可能性がある。できるだけ早く海岸から離れ，高台に避難する。また，津波は繰り返し起こり，1回目よりも2回目以降のほうが甚大な被害を及ぼすことがある。しばらくは海岸線に近付かないようにするとともに，緊急災害情報を得るように手段を講じる。

図3　ハンマーで岩石をたたく

図4　川原と中州の様子

図5　洪水水位を示す標識

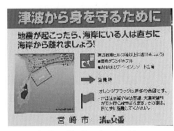

図6　津波の警戒を促す看板

❷ 理科室での観察・実験

理科室では，岩石や鉱物を扱う際に注意が必要である。花こう岩から鉱物を取り出す実験で説明する。

（1）ガスバーナーを使って加熱と冷却を繰り返す

軍手と安全眼鏡を着用し，ピンセットより熱を伝えにくい「るつぼはさみ」で挟める大きさの花こう岩を用意する。

ガスバーナーで花こう岩を加熱した後に，水の入ったビーカーに入れる。数回，加熱と冷却を行うと，鉱物がビーカーの底に沈んでくる。できるだけ小さい花こう岩を使うことで，加熱時間が短時間になり，用意するビーカーも小さいものでよくなる。加熱の途中で手を「るつぼはさみ」から放すことや，水に入れるときに花こう岩を落とすことがある。岩石や水の飛び散り，火傷などに注意する。

図7 花こう岩を加熱する様子

（2）鉄製乳鉢で花こう岩を粉砕する

花こう岩を粉砕する作業の際には，必ず作業用手袋と，保護眼鏡または保護面（フェイスシールド）を着用する。粉砕は鉄製乳鉢を使って行う。ポリエチレンの袋の底に穴を開け，そこに乳棒を差し込み輪ゴムで固定する。この袋の口を乳鉢の縁に粘着テープで固定することで乳鉢に覆い（蓋）ができ，乳棒を動かしたときに砕いた岩石の破片が飛び散るのを防ぐことができる。

（画像提供：ケニス）

参考　佐々木修一・林信太郎"土地のつくりと変化で
使える秋田県内露頭情報"秋田大学地学研究室,2008
http://ene.ed.akita-u.ac.jp/~ueda/chisou/
（参照 2020-12-20）

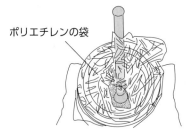

ポリエチレンの袋

図8 鉄製乳鉢・乳棒（上）と
花こう岩の粉砕方法（下）

55 事故につながりやすい 観察・実験（その他）

教材を直接手に触れて扱う観察・実験では，アレルギー疾患が原因で起こる危険について注意する必要がある。観察対象や実験材料に含まれているアレルギーの原因物質で，生命の危険にさらされることがあってはならない。

野外観察中は，思わぬアレルギー誘因物質に接触してしまう機会が多いと考えられる。

❶ 生徒のアレルギー等の情報を把握する

アレルギー反応の程度には個人差がある。養護教諭や栄養士に問い合わせ，入学時に実施している「学校生活管理指導表（アレルギー疾患用）」から情報を掴んでおく。原因物質を見ているだけなら問題がない場合から，同じ教室空間にあるだけでも反応を起こして重篤化につながる場合もある。

❷ 観察・実験を行う前に

観察・実験でアレルギーの原因物質が体内に入る可能性を考えると，鼻から吸気として入ったり，生徒が食べてしまったりする恐れがないとはいえない。当該生徒だけ代替の教材を使うのか，学級全体で使う教材を変更するのかなどを検討した上で，授業を実施する。必要であれば，原因物質を使う実験は扱わないことを前提にして，事前にどのような対応をとるか，保護者にも確認する。

実験中，吸気を通してアレルギーの原因物質が体内に入る可能性がある。

❸ 考えられる原因物質

　飲食物が発症の誘因となる給食や運動が発症の誘因となる体育などと比較すると，理科は事例が少ないように思える。とはいえ，油断は禁物である。例えば「試験管の洗浄で使ったゴム手袋が原因で発症し，受診に至った」「落花生を燃やす実験で，落花生に対するアレルギーを持つ生徒本人が気付いたため，念のため別室で学習させた」等の事例がある。

表1　考えられるアレルギーの原因物質の例

学年	領域	内容	誘因物質の種類
1年	化学	白い粉末を特定する実験	小麦粉
	化学	エタノールの蒸留	エタノール（アルコール）
	生物	海の小さな生物の分類	甲殻類（エビ・カニなど）
	生物	花と果実のつくりの観察	花粉，果物，野菜
	生物	花粉や花粉管の伸長の観察	花粉
2年	物理	エボナイト棒を動物の毛でこすって静電気を発生させる実験	動物（ネコ）の毛
	化学	ホットケーキの作成実験	小麦粉，卵，牛乳
	生物	イカの解剖	イカ
	生物	煮干しや小魚の解剖	イワシなどの魚
全学年	主に化学	ゴム管やゴム栓を使う実験	ラテックス（天然ゴム）
	生物，地学	野外観察（身の回りの生物，地質，気象）	花粉

ちりめんじゃこに混ざった海の小さな生物

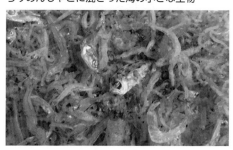

エタノールの蒸留

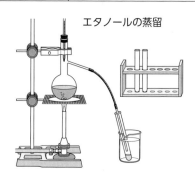

❹ 万が一発症してしまったら

　生徒が咳，目のかゆみ，皮膚のかぶれなどを訴えた場合は，教材との接触を直ちに中止し，ほかの教師や養護教諭，管理職と連携を取って必ず複数名で対応をする。

あとがき

　本書の校正をしている段階で電話があった。理科についての相談である。同じ区内の中学校で理科主任をしているという若い男性の教師からである。

「理振法の予算（理科教育振興法による補助）がつきました。この機会にこれだけは購入しておきたいという理科室の備品を教えてください。」

　それこそ，その学校の実態に応じて必要なものを購入すればいい，と口に出かかったが，そう言ってしまうと失礼に感じるほど真面目な口調であった。そこで，他校の予算執行に口を出すのは怖れ多いことはわきまえているが，と断って次のように答えた。等身大の人体骨格模型の購入を勧める。やや高価ではあるが，一度購入すると保管さえしっかりすれば数十年は授業で活用できる。

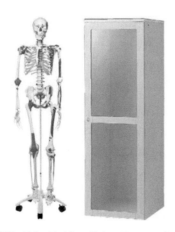

（画像提供：日本スリービー・サイエンティフィック
株式会社／内田洋行）

人体骨格模型

- 実物大で関節は可動。プラスチック製。
- 半身に筋肉付着部，起始部の着色表示，関節靱帯（可動）を再現したもの。
- 外寸法：530 × 530 ×
　　　　（全高）1,740 〜 1,780 mm

人体模型格納庫

- 人体骨格模型が収納できる。
- 外寸法：600 ×奥行 600 ×
高さ 1800 mm
内形寸法：幅 554 ×奥行 556 ×
高さ 1744 mm
質量：38 kg 耐震用転倒防止金具付

　理由はあえて言うまでもないだろう。骨格模型がない理科室よりも，骨格模型がある理科室のほうが，理科室としての価値が高いからだ。骨格模型が，理科室の格を高めるのである。踏み込んで言うと，骨格模型は，理科室の風評や神秘性を形作る要素を持っている。私が知っているだけでも次のようなものがある。

- 笑う，歌う，泣く，歯ぎしりをする，指を鳴らす，ため息をつく。
- 頭をなでると，わずかに微笑む。握手をすると，軽く握り返す。
- 夜になると格納庫を出て理科室の中を歩き回る。または，踊り出す。

もちろん，これらの事象に再現性があり，科学的な証明がなされた，ということは聞いたことがない。たぶん根も葉もない噂に過ぎないのであろうが，そういう噂が立つぐらい迫力がある。ヒトが骨だけになっても立って生きているかのようである。当然，棺桶を縦にしたような専用の保管庫もセットで購入することを勧める。

　普段は，準備室の隅に骨格模型を保管庫にしまったままにしておく。まるで隠してあるかのように，生徒の目につかないようにする。保管庫の中に置いてある骨格模型のはかない存在感が，理科室で行われるほかの授業の神秘性をなおさら醸し出す。単元の授業に入ったところで，骨格模型を公開する。準備室から理科室に持ち出すのである。その際，少々演出をする。暗幕やカーテンで光量を調整し，照明を落とし気味にする。生徒には，静寂と集中を求める。そして，全員の視線の中で，おもむろに保管庫の扉を開け，骨格模型を取り出す。そこでは思わずため息がもれるだろう。賢明なる読者ならすでに気付いているだろうが，そのほうが，印象的に残り，学習効果が上がるからだ。

　骨格模型には名前を付ける。私の現任校では「ドナルド」である。前任校では「バラク」だった。何でもいいのだ。名前があることが，骨格標本の価値を増幅するのだ。途中で名前を変更しても不自然ではない。「ジョー」などと新たな名前のシールを保管庫に貼っておけば，学年進行とともにいつの間にか変わってしまう。卒業生が「私たちの代ではジョージだった」「いやビルと呼んでいた」などと話していると，それはそれで時代を感じる。

　単元が終われば，骨格模型は，再び保管庫の中に戻される。吊されたまま，保管庫ごと準備室にしまわれてしまう。翌年の次の授業の機会が巡ってくるまで，力なく揺れているだけである。そうしている間にも，生徒の記憶の中で理科室の神秘性は増幅される。と，こういうことを話していると，「ありがとうございました」ということで一方的に電話が切られてしまった。ふざけていると，思われてしまったのだろうか。そうだ，こういうときにこそ本書が役立つ。印刷が仕上がったら，１冊差し上げようと思っている。

令和３年厳冬　執筆者代表

山口　晃弘

索引

執筆者代表

山口　晃弘　　品川区立八潮学園

執筆者一覧（50音順）

青木　久美子　世田谷区立千歳中学校

秋谷　真理子　港区立赤坂中学校

大西　琢也　　東京学芸大学附属小金井中学校

岡田　仁　　　東京学芸大学附属世田谷中学校

小原　洋平　　都立小石川中等教育学校

金子　竜治　　葛飾区立奥戸中学校

川島　紀子　　文京区立第六中学校

小笹　哲夫　　茗溪学園中学校高等学校

佐久間　直也　北区立王子桜中学校

佐藤　友里子　文京区立第十中学校

下田　治信　　国分寺市立第四中学校

髙田　太樹　　東京学芸大学附属世田谷中学校

中島　誠一　　杉並区立阿佐ヶ谷中学校

村上　ゆかり　文京区立本郷台中学校

村越　悟　　　千代田区立神田一橋中学校

中学校 理科室ハンドブック
理科好きを育てる魅力ある授業を目指して

2021 年 2 月 26 日　第 1 刷発行

○ 編著者　山口　晃弘　他
○ 発行者　藤川　広
○ 発行所　大日本図書株式会社
　　　〒112-0012 東京都文京区大塚 3-11-6
　　　電話　03-5940-8675　（編集）
　　　　　　03-5940-8676　（販売）
　　　振替　00190-2-219

印　刷　株式会社太平印刷社
製　本　株式会社太平印刷社

表紙・扉デザイン／矢後　雅代
イラスト／松永　えりか　細密画工房　他